# 「PICマイコン」で学ぶ電子工作実験

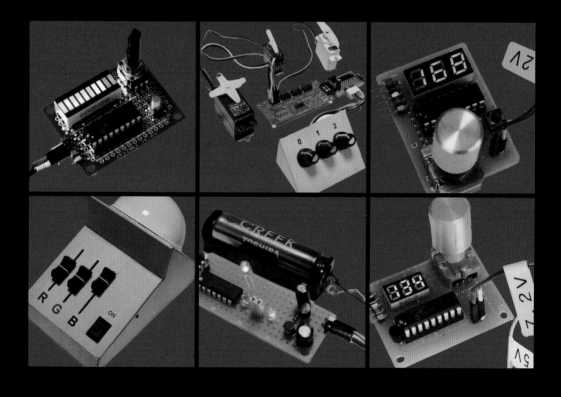

# はじめに

　「PICマイコン」を使った私の電子工作本も、早いもので、これで5冊目になりました。

＊

　世のトレンドは「ワンボードマイコン」ですが、PICを使った電子工作の利点は何といっても、「安く作れる！」だと思います。

　「安く作れる」ということは「いろいろたくさん作っても、そんなにお金はかからない」ということです。

　また、マイコンチップを素の状態で使うので、ブラックボックスでない状態で電子工作が楽しめるということもあります。

　今回の記事でも、1000円以下で作れるものを多く取り上げていますが、「安かろう、悪かろう」にはならないようにしました。

＊

　独立した機器の他に、応用範囲の広い、部分的なパーツの基本的な使い方とそのプログラム方法も多く取り上げています。

　マイコンを使った機器では、ハードウエアだけでは動作しないので、プログラミングのノウハウは必須です。

　プログラミングに関しては、「C言語」の基礎にあるような定石的な記述を学ぶことも必要ですが、それだけではなく、最終的にはハードウエアの機能とうまく連携させて独自に考えたコードを記述していくことが求められます。

＊

　「学問に王道なし」と言われるように、「電子工作に王道なし」とも言えます。

　この本の各章の事例を参考に、ぜひ、プログラミングのノウハウもじっくりと身に着けて、電子工作の世界を楽しんでもらえれば幸いです。

神田　民太郎

# 「PICマイコン」で学ぶ 電子工作実験

## CONTENTS

## 「サンプル・プログラム」のダウンロード

本書の「サンプル・プログラム」を、下記のページからダウンロードできます。

＜工学社ホームページ＞

http://www.kohgakusha.co.jp/

ダウンロードしたファイルを解凍するには、下記のパスワードが必要です。

tT4R3p6f

すべて「半角」で、「大文字」「小文字」を間違えないように入力してください。

# 第 1 章

# 「10ポイントRGB-LED」の点灯実験

　種々の「レベル表示」に便利な、「10ポイントRGB-LED」という
ものがあります。

（「秋月電子」で、1個250円）

　一見、簡単に使えそうなパーツですが、実際に使ってみると、
意外に難しいことが分かります。

　今回は、このパーツの基本的な使い方を見ていきましょう。

「10ポイントRGB-LED」完成基板

## 1-1　10ポイントRGB-LED

このパーツは**写真**のようなもので、上が「RGB」のもの、下が「赤単色」のものです。

RGBタイプ(上)、赤単色タイプ(下)

見た目にはほとんど同じで、型番を見るか、点灯させなければ区別がつきません。

いずれも、LEDが10個まとまって1つのパーツになったものです。

これを、連続的にいくつかのLEDを点灯させることで、「棒グラフ」のようにして使うのが一般的です。

\*

「RGBタイプ」のものでは、「R,G,B」の単純な組み合わせでも7色を表現できます。

しかし、各色の単色で表示する以外にも、たとえば、オーディオのレベルメータなどに使われるように、最初の6個までは「緑色」、次の2個は「黄色」、さらに最後の2個は「赤色」というような点灯をさせることも可能です。

もちろん、その色の組み合わせはいかようにもできます。

\*

「10ポイントRGB-LED」のパーツには、全部で20本の端子があり、内部結線は次の図のようになっています。

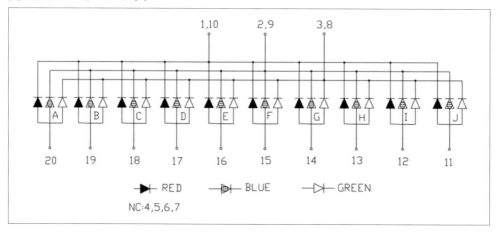

内部接続図

この図で分かるように、「R,G,B」それぞれのLEDの「アノード※端子」は独立しておらず、共通になっています。

そのため、端子の数は20本と節約されていますが(独立していれば33本の端子が必要)、LEDごとに異なる色を、同時に点灯させたい場合は、マイコンのプログラムで工夫する必要があります。

※アノード(anode)…電流が流れ込む電極

## 1-2 点灯実験回路

次に、「点灯実験回路図」を示します。

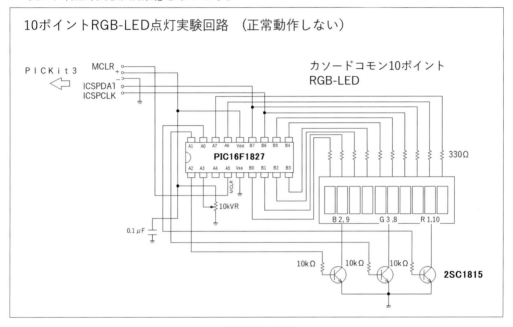

**点灯実験回路図**

「10k」の「VR」は、点灯の際にバーの長さを変更するために使います。

今回制御に使うマイコンは、1個140円の安価な「**PIC16F1827**」です。

PIC16F1827

なお、LEDのコモン端子は、「1,10」など、2端子記述してありますが、その2つは、内部で接続されているので、どちらか一方に接続すればOKです。

＊

さて、この回路、一見特に問題点はない定石的なもののように見えます。

しかし、この回路ではうまく動作してくれません。

私も、最初は「え、なんでこれが動かないの？」と何回か回路とプログラムのチェックを行ないましたが、特に誤りなどは発見できませんでした。

結論を言うと、この回路の問題は「10ポイントRGB-LED」部品の「内部結線」に起因する特徴にあることが分かりました

詳しく解説します。

似たような回路構成をする「カソードコモン型7セグメントLED」の例では、次のような「A回路」にすることが一般的です。

「B回路」のようにセグメントごとの抵抗をなくした設定をすることはありません。

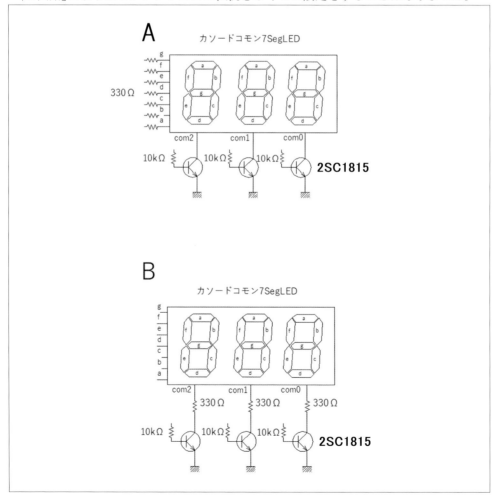

「カソードコモン型7セグメントLED」の例

　「B回路」のようにすると、各桁7セグメントの抵抗は、1本（トランジスタのコレクタ）にできます。

　しかし、そうすると表示される数字によって点灯するセグメントの個数が変わるため、明るさが変わってしまいます。

　たとえば、「8」と「1」では、「8」のときのほうが点灯するセグメント個数が多いため、多くの電流を必要とします。

　その場合、トランジスタのコレクタに接続している抵抗1本を通過する電流でそのすべてをまかなわなくてはならず、結果的に各セグメントに流れる電流値が下がり、暗くなってしまいます。

　そうならないように、**A**のような回路にしているわけです。

＊

　今回の回路でも最初はそのようにしましたが、内部回路が次のようになっている「10ポイントRGB-LED」では、同様に「A回路」のようにすると、問題が生じてしまいます。

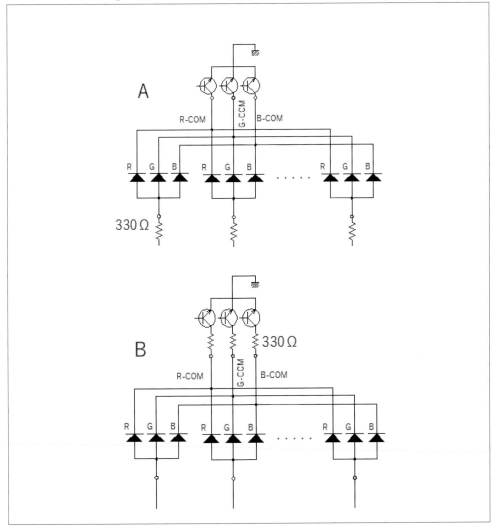

内部回路

それは、「R,G,B」の各LEDのアノードが共通になっているからです。

どういうことかというと、「R,G,B」の各色のLEDは流れる電流と輝度が異なります。
そのため、たとえば、「R」と「B」を点けて、「紫色」を表現したいときに、「R」と「B」の
カソード側の「トランジスタ」を「ON」にしても、「R」と「B」に流れる電流は330Ωの抵抗
で制限されます。
そのため、各色が必要とする適正な電流が流れず、「紫色」にならずに、赤く点灯して
いるように見えてしまうのです。

アノード側の抵抗を、それぞれの色のLEDに個別に付けられるように、次のような
内部構成になっていれば、この問題は解決します。
しかし、逆に、「端子数」が増えるというデメリットも生じてしまいます。

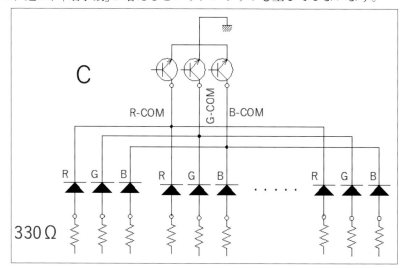

**端子が増えてしまう構成**

結果としては、Bのような回路構成にするしかありません。
しかし、「B回路」でも、デメリットはあります。
「10ポイントLED」ですから、点灯個数が1個のときと10個のときでは明るさが変わっ
てしまうのです。

なぜならば、こんどは、点灯するLEDの個数が何個であろうが、トランジスタのコ
レクタに付いている「抵抗」でその総量が規制されているからです。

「じゃあ、この抵抗を付けなければいいのでは？」と思うかもしれませんが、それはまっ
たく「電流制限抵抗」を点けずに「LED」と「電池」をつなぐようなもので、LEDが壊れて
しまいます。
結論としては、「B回路」のようにして、**次**のような回路構成にせざるを得ないという
ことです。

> ※なお、トランジスタのコレクタに接続している「330Ω」の抵抗は、「R,G,B」ともに同じ
> 値にしていますが、「R」は輝度が高いので、「510Ω」や「680Ω」などに変更してもいいか
> もしれません。

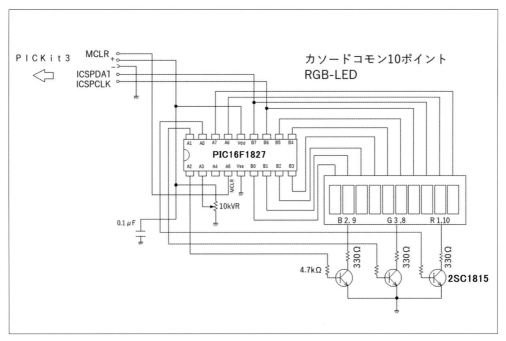

**正常に動作する回路構成**

＊

次に、主な部品表を示します。

**「10ポイントRGB-LED　点灯実験」の主な部品表**

| 部品名 | 型　番 | 秋月通販コード | 必要数 | 単　価 | 金　額 | 購入店 |
|---|---|---|---|---|---|---|
| PICマイコン | PIC16F1827 | I-04430 | 1 | 140 | 140 | 秋月電子 |
| NPNトランジスタ | 2SC1815など | I-06477 | 3 | 5 | 15 | 〃 |
| 10ポイントRGB－LEDアレー | カソードコモン | I-04761 | 1 | 250 | 250 | 〃 |
| 18PIN 丸ピンICソケット | | P-01339 | 1 | 40 | 40 | 〃 |
| 0.1μF積層セラミックコンデンサ | | P-00090 | 1 | 10 | 10 | 〃 |
| 1/6W抵抗 | 330Ω | R-16331 | 3 | 1 | 3 | 〃 |
| 1/6W抵抗 | 4.7kΩ | R-16402 | 3 | 1 | 3 | 〃 |
| 基板取付用　10kΩ　VR | 10k-B型 | P-14827 | 1 | 60 | 60 | 〃 |
| タクトスイッチ（色は任意） | | P-03651 | 1 | 10 | 10 | 〃 |
| パワーグリッド基板 | 47mm×36mm | P-09327 | 1 | 75 | 75 | 〃 |
| | | | | 合計金額 | 606 | |

## 1-3　単色点灯テストプログラム

以下に、「単色点灯テストプログラム」を示します。

*

「タイマー設定」によって、「赤色」から「白色」まで定期的に色が変化していきます。

なお、「ボリューム」を回すと、リアルタイムに「バー」の長さが変わります。

　このプログラムでは、バーの長さの決定は、マイコンの「B0～B7」と「A6」「A7」に単純に点灯させるLEDに信号を送っています。

　そのため、点灯個数が多くなると輝度が下がります。

```
//------------------------------------
// PIC16F1827 10ポイントRGB-LED点灯実験
//    Program  1(単色表示)
// Programmed by Mintaro Kanda
//  for CCS-Cコンパイラ    2021-2-6(Sat)
//------------------------------------
#include <16F1827.h>
#fuses INTRC_IO,NOWDT,NOPROTECT,NOBROWNOUT,PUT,NOMCLR,NOCPD,NOLVP
#use delay (clock=8000000)
#use fast_io(A)
#use fast_io(B)
int v,count=0;

#int_timer1 //タイマ1　割込み宣言
void timer1_start(){//タイマー1割り込み
  count++;
}
void vr()
{
    set_adc_channel(3);//VR(バーの長さ設定用)の値を読む
      delay_us(30);
      v=read_adc();
}
void rgb_bar(int n)
{
   int valu[]={0x1,0x3,0x7,0xf,0x1f,0x3f,0x7f,0xff};
   int va;
    va=v/26;
    output_a(n);
    if(va<8){
      output_b(valu[va]);
    }
    else{
      output_b(0xff);
      if(va>=8) output_high(PIN_A6);
      if(va==9) output_high(PIN_A7);
    }
}
void main()
 {
```

```
    int i=0;
    setup_oscillator(OSC_8MHZ);
    set_tris_a(0x8);
    set_tris_b(0x0);

    //タイマー割り込み
    setup_timer_1(T1_INTERNAL);
    set_timer1(0); //initial set
    enable_interrupts(INT_TIMER1);//割り込み許可
    enable_interrupts(GLOBAL);

    //アナログ入力設定
    setup_adc_ports(sAN3);//AN3のみアナログ入力に指定
    setup_adc(ADC_CLOCK_DIV_32);//ADCのクロックを1/32分周に設定

    while(1){
        if(count>32){//32の値を小さくすると色の変わるスピードが増す
            count=0;
            i++;
            i%=8;
        }
        vr();//ボリュームを回すとバーの長さが変わる
        rgb_bar(i);
    }
}
```

## 1-4　異なる色を使って点灯させるには

　今回の「10ポイントRGB-LED」の特長は、異なる色を使ったカラフルな「棒グラフ」が実現できることですが、マイコンなどの制御なしには、異なる色の同時点灯を行なうことはできません。

　それは、R,G,Bの各LEDのアノードが共通だからです。

　つまり、そのままでは、「同色」(単純7色のいずれか)のみの点灯になります。

　ですから、たとえば、次のような棒グラフを表示させたい場合は、プログラムで「ダイナミック点灯制御」をする必要があります。

「棒グラフ」の表示例

＊

　もちろん、その他のパターンも任意に設定できます。

　しかし、そのプログラムは、ちょっと複雑なものになります。

　原理的には10個の「LED」は、極小時間において、1個のみの点灯になるため、「点灯個数」(見掛け上の)による「輝度」の差もほとんどなくなります。

＊

　そのプログラム例を次に示します。

棒が最長の場合の「色パターン」は、「mainプログラム」の冒頭で文字列として定義します。

定義される文字列の意味は次のようになります。

| k：黒色 | r：赤色 | g：緑色 | b：青色 |
|---|---|---|---|
| y：黄色 | v：紫色 | c：水色 | w：白色 |

たとえば、上記①の場合は文字列として "gggggggyyrr"、②では "bbbgggvvrr"、③では "rbrbrbrbrb" と定義します。

プログラムでは、正しい文字列の長さのチェックや「k〜w」以外の文字が定義されたときなどの「エラーチェック」は行なっていないので、間違った定義をしないようによくチェックしてください。

また、プログラム中では、10個分の設定色がそれぞれ例として8つのパターンで定義されているので、参考にしてください。

\*

プログラムを実行すると、VRの位置によって定義された「色パターン」の棒が、選択した「カラー・パターン」(「タクトスイッチ」で変更可能)で、伸び縮みします。

```
/----------------------------------------
// PIC16F1827 10ポイントRGB-LED点灯実験
//    Program  2(任意単純7色同時表示)
// Programmed by Mintaro Kanda
//   for CCS-Cコンパイラ
//   2021-2-6(Sat)
//----------------------------------------
#include <16F1827.h>
#fuses INTRC_IO,NOWDT,NOPROTECT,NOBROWNOUT,PUT,NOMCLR,NOCPD,NOLVP
#use delay (clock=8000000)
#use fast_io(A)
#use fast_io(B)
int v,n=0;
void vr()
{
    set_adc_channel(3);//VR(バーの長さ設定用)の値を読む
     delay_us(30);
     v=read_adc();
}
void rgb_bar(char* pat)
{
  int i,j,va,shf;
  //          黒 赤 緑  青 黄 紫  水 白
  int  rgb[]={0x0,0x1,0x2,0x4,0x3,0x5,0x6,0x7};
  char col[]={'k','r','g','b','y','v','c','w'};

  va=v/25;
  shf=1;
  for(j=0;j<va;j++){
```

```
      i=0;
       while(pat[j]!=col[i]){
          i++;
       }
      output_a(rgb[i]);
      if(j<8){//8ポイントまでのLED点灯
          output_b(shf);
          delay_ms(1);//LEDの瞬間点灯時間を設定
          shf<<=1;
      }
      else{//9ポイント以降  j=8,9
          //output_b(0x0);
          switch(j){
              case 8:output_low(PIN_B7);
                      output_high(PIN_A6);
                      output_low(PIN_A7);
                      delay_ms(1);break;
              case 9:output_high(PIN_A7);
                      output_low(PIN_A6);
                      delay_ms(1);
          }
      }
  }//for
}
void tin()//タクトスイッチによる「カラー・パターン」の変更
{
    while(!input(PIN_A4)){
        while(!input(PIN_A4));
        n++;
        n%=8;//定義している「カラー・パターン」データの数が8だから、8
    }
}
void main()
 {
    int i=0;
    char color_p[][11]={"bbggggyyrr","bbbbbbvvrr","wwwwccggbb","rrrrvvb
byy",
                        "rkrkrkrkrk","rgbcyvwwww","ggccggccgg","yybbyyb
byy"};
                        //発色カラーパターンの定義
    setup_oscillator(OSC_8MHZ);
    set_tris_a(0x18);//RA3,RA4を入力ポートに
    set_tris_b(0x0);

    //アナログ入力設定
    setup_adc_ports(sAN3);//AN3のみアナログ入力に指定
    setup_adc(ADC_CLOCK_DIV_32);//ADCのクロックを1/32分周に設定

    while(1){
        tin();//タクトスイッチの状態確認でnのカウントアップ
        vr();//ボリュームを回すとバーの長さが変わる
        rgb_bar(color_p[n]);//パラメータに発色カラーパターンの番号(0〜7)の配列
が設定される
    }
}
```

# 第**2**章

# 「ルーム演出用RGBライト」の製作

照明機器は、ろうそく→電球→蛍光灯→LEDと、飛躍的に進化してきました。

そして、単に「照明」だけが目的ではなく、「色」を自由に設定して、部屋を"演出"することも簡単にできるようになりました。

今回は、「3WパワーRGB-LED」を使って、あらゆる色を自由に作り出し、明るさも変えられる「ルーム演出用RGBライト」を作ってみました。

1000円ほどで作れます。

完成したRGBライト

## 2-1 RGB-LED

「光の3原色」である、「赤」「緑」「青」のLEDを1つのパッケージにしたものが、「RGB-LED」です。

大きさ(明るさ)によって、いろいろなものが売られています。

今回使うのは、その中でも特に「照明」用に特化した「ワット数」の大きなもので、「アルミ放熱板」付きの「OSTCXBEAC1S」(3Wタイプ)を使ってみます。

RGBパワーLED(左1w、右3w)

## 2-2 コントロール

「OSTCXBEAC1S」の「RGB」の各「LED」をコントロールする方法として、「PWM」を使います。

「PWM」とは、「puls-width-moduration」のことで、高速で電気を入れたり切ったりすることで、事実上のLEDの「明るさ」をコントロールします。

「RGB」の各「LED」を、独立した3つの「スライド・ボリューム」でコントロールすることで、「明るさ」と「色調」を自由に設定可能です。

また、「R,G,B」をそれぞれ1,024段階で設定できるので、理論上は「1,024×1,024×1,024色」を表現できます。

## 2-3　回路図

コントロールに使うマイコンは「PIC16F1827」です。

PIC16F1827

　このPICは、必要とする「PWM端子」を3つと「A/Dコンバータ」3つを確保できるうえ、150円と安価なので、選択しました。

　そして、大電流を流すために、「パワーFET」の「2SK4017」を使ってドライブします。

パワーFETの「2SK4017」

＊

　各LEDには比較的大電流を流すので、「5Ω-5W」(青、緑)、「10Ω-5W」(赤)の「セメント抵抗」を付けます。
　「赤」は、同じ抵抗値の場合、電流が多く流れるので、10Ωにしています。

5Ω-5Wセメント抵抗

　RGB各色のコントロールは、PICの「アナログ・ポート」に接続した3つのボリュームで行ないます。

　今回、「スライド・ボリューム」を設定し、RGB各色のレベルが分かりやすいものとしましたが、ケースの加工は面倒になりますので、回転式のボリュームにしてもよいでしょう。

＊

　電源には、5V-2A以上の大電流タイプの「ACアダプタ」を使います。

　部品表には載せていませんが、秋月電子で販売されているものであれば、「M-11996」や「M-07770」などです。

5V-2Aタイプの「ACアダプタ」、M-11996（上）、M-07770（下）
（秋月電子）

以下に、完成した基板と回路図を示します。

完成したコントロール基板

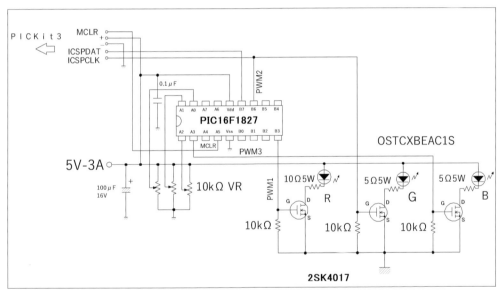

「ルーム演出 RGB-LED 回路」の回路図

「ルーム演出RGB-LEDコントロール回路」の主な部品

| 部品名 | 型 番 | 秋月通販コード | 必要数 | 単 価 | 金 額 | 購入店 |
|---|---|---|---|---|---|---|
| 制御用マイコン | PIC16F1827 | I-04430 | 1 | 150 | 150 | 秋月電子 |
| N-Ch パワーFET | 2SK4017 | I-07597 | 3 | 30 | 90 | 〃 |
| 放熱基板付3Wハイパワーフルカラー | | | | 00 | 00 | |
| RGBLED | OSTCXBEAC1S | I-13755 | 1 | 400 | 400 | 〃 |
| スライド・ボリューム (B10kΩ) | | P-09238 | 3 | 100 | 300 | 〃 |
| スライド・ボリューム用 つまみ(ノブ) | | P-09246 | 3 | 30 | 90 | 〃 |
| 抵抗 | 10kΩ | R-16103 | 3 | 1 | 3 | 〃 |
| セメント抵抗　5W5Ω (青緑用) | | R-04068 | 2 | 30 | 60 | 〃 |
| セメント抵抗　5W10Ω (赤用) | | R-03991 | 1 | 30 | 30 | 〃 |
| 片面ユニバーサル基板 47mm×72mm | | P-03229 | 1 | 60 | 60 | 〃 |
| 100μF(16V〜25V) 電解コンデンサ | | P-03122 | 1 | 10 | 10 | 〃 |
| 0.1μF　積層セラミック コンデンサ | | P-00090 | 1 | 10 | 10 | 〃 |
| | | | | 合計金額 | 963 | |

## 2-4　コントロール・プログラム

次に、コントロールのためのプログラムを示します。

使っているコンパイラは、「CCS-C」です。

とても短いプログラムなので、他のコンパイラに移植する場合でも、難しい部分はないと思います。

＊

入力の際に注意する点としては、「ボリューム・コントロール」の「アナログ・ポート」の設定として、A0,A1,A2を設定しますが、下記の記述における「｜」は、キーボードの"[shift]キー＋[¥]キー"で入力できる「縦棒」なので、間違えないようにしてください。

```
setup_adc_ports(sAN0|sAN1|sAN2);//AN0,AN1,AN2のみアナログ入力に指定
```

点灯の様子

```
//--------------------------------
// PIC16F1827 ルーム演出
// RGB-LEDコントローラー Program
// Programmed by Mintaro Kanda
// for CCS-C
//  2021-4-25(Sun)
//--------------------------------
#include <16F1827.h>
#device ADC=10 //アナログ電圧を分解能10bitで読み出す
#fuses INTRC_IO,NOWDT,NOPROTECT,NOBROWNOUT,PUT,NOMCLR,NOCPD,NOLVP
#use delay (clock=8000000)
#use fast_io(A)
#use fast_io(B)
long v[3];
void led()
{
  set_pwm1_duty(v[0]);
  set_pwm2_duty(v[1]);
  set_pwm3_duty(v[2]);
}
void vr()
{
    int i;
    for(i=0;i<3;i++){
     set_adc_channel(i);//スライドVRの値を読む(1024段階)
        delay_us(30);
        v[i]=read_adc();
    }
}
void main()
 {
    setup_oscillator(OSC_8MHZ);
    set_tris_a(0x7);
    set_tris_b(0x0);

    //アナログ入力設定
    setup_adc_ports(sAN0|sAN1|sAN2);//AN0,AN1,AN2のみアナログ入力に指定
    setup_adc(ADC_CLOCK_DIV_32);//ADCのクロックを1/32分周に設定

    //ccp設定
    setup_ccp1(CCP_PWM);
    setup_ccp2(CCP_PWM);
    setup_ccp3(CCP_PWM);
    setup_timer_2(T2_DIV_BY_16,255,1);//PWM周期T=1/4MHz×16×4×(255+1)
                          //        =4.096ms(244.14Hz)
                      //デューティーサイクル分解能
                  //t=1/4MHz×duty×4(duty=0〜1023)
    while(1){
        vr();
        led();
    }
}
```

## 2-5　ケースを作る

　今回の機器は、その性質上、それなりのケースを作らないと機能させることが難しいものです。

　「こうしなければいけない」というものではありませんが、私が製作したものの図面を参考に示します。

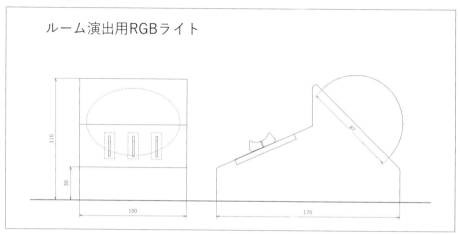

ケース図面の例

　なお、背面の部分には、放熱板付きの「LED」を直接付けるので、「アルミ板」にしています。

ドームあり　　　　　　　　　ドームなし

「LED」は「ドーム」で覆うことを推奨

　また、「RGBパワーLED」は、そのまま付けるだけでなく、光を拡散させるための「ドーム」のようなもので覆うと効果的です。

　私の場合は、ダイソーで売っていた、写真のような乾電池式のライトの上部の半球を使いました。

ダイソーの乾電池ライト

## 2-6 　　　光量を上げる

今回は、3Wタイプの「OSTCXBEAC1S」を1個だけ使ったものを製作しました。

\*

これでもフル点灯させると、電流は800mAほど(RGB各色では約270mAくらい)流れますが、これだけでは、光量が足りないと感じるかもしれません。

その場合、「2SK4017」の最大定格は「5A」なので、電源の電流値を充分確保した上で「OSTCXBEAC1S」を3〜5個パラレルで接続して点灯させます。

その際は、次の回路のように、それぞれのLEDに5Ω5W(赤は10Ω5W)のセメント抵抗を接続してください。

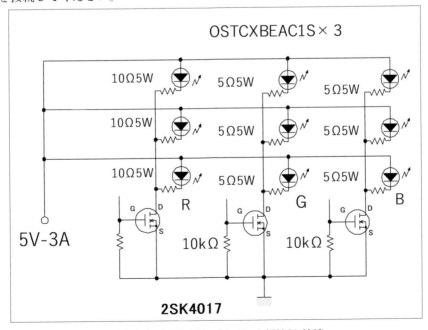

光量を上げる場合は、「セメント抵抗」を接続

# 第3章

# 高機能「LEDチェッカー」を作る

電子工作においては、しばしばLEDを使います。

ときには、まとまった個数のLEDを使うこともありますが、不良品だった場合は、点灯せず、基板に実装してから「回路」や「プログラム」をチェックしたことが何度もありました。

結局、LEDが正常ではなかったのですが、そのために無駄な時間を使うことは避けたいものです。

＊

今回は、電池1本で機能する「LEDチェッカー」を作ってみました。

市販のものよりも機能が高く、340円と安価に作れます。

完成した「LEDチェッカー」

## 3-1    市販の「LEDテスター」

市販でも、比較的安価で「LEDテスター」なるものが販売されています。
価格も500円程度(秋月電子)で、決して高価なものではありません。
しかし、レビューを見ると、あまりいい評価がついていないものも多いようです。

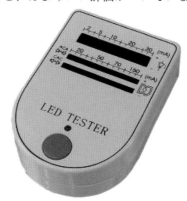

秋月電子で販売されている「LEDテスター」

「LEDチェッカー」は高度な回路を必要とするものでもありません。
簡単に設計して製造できることもあって、綿密な検討がなされていなかったり、製造
クオリティが低かったりするため、評価が良くない原因はそのようなところにありそう
です。

\*

また、電池も、「006P」(9V)を使っているなど、あまり使い勝手がいいものではあり
ません。

## 3-2    一般的な「LED点灯テスト」

正常に点灯するかどうかを、回路基板に実装する前に「LEDチェッカー」を使わずチェッ
クする方法として、テスターの「ダイオード・レンジ」を使う方法があります。

しかし、最近のテスターは、テスターの電源自体が「3V」(電池2本、または「ボタン
電池」)のものも多く、「LED点灯テスト」ができないものも珍しくありません。

\*

また、テスターの中には、電池に「006P」を使ったものや、国産メーカーで「3V電池」
でも「LED点灯テスト」ができるものもありますが、いちいちLED端子に「テスター棒」
を当てるのも面倒で、チェック個数が多くなると、使い勝手はよくありません。

## 3-3　　LEDチェッカー

そこで、高機能な「LEDチェッカー」を作ってみました。

その特長は次のとおりです。

(1) チェックするLED端子は「アノード」(＋)、「カソード」(－)のどちらでもOK。

(2) チェックしたLEDのアノード側がどちらの端子か分かるように、「アノード」(＋)
　　側の「指標LED」が点灯する。

(3) チェッカーの電源は、「1.5V」の電池1本。

＊

　市販の「LEDチェッカー」の多くは、「アノード」と「カソード」を正しくつなぐ必要が
あります。

　新品のリードタイプのLEDは、足の長いほうが「アノード側」と分かるのですが、新
品でないLEDをチェックしようとすると1/2の確率で正常でも点灯しません。

　その場合、逆にして再試行しなくてはならず、この手間が面倒です。

＊

　透明なケースの場合は、「皿のようになっている部分がカソード側」という場合も多い
ので、そのような見分け方でつなぐ手はありますが、「ツヤ消し」の場合は、それもでき
ません。

　そのような事情を考慮して、正常な場合はどちらでつないでも、点灯するようにしま
した。

　さらに、どちらが「アノード」(＋) 側かが分かるように、2つ装備した「指標LED」の
アノード側を点灯するようにしました。

　これで、チェックに無駄な時間を取られることはなくなります。

　また、電源は「1.5V」の電池1本で使えるようにしました。

　単純なLEDの「点灯チェック」ではありますが、上記のような高機能を実現するためにはマイコンを使う必要があります。

　しかし、製作費は340円程度と安価なので、作る価値はあるでしょう。

＊

　電池1本で回路を動作させるために、「HT7750」を使って、「5V」の電源を作っています。

5V昇圧DCコンバータ「HT7750A」

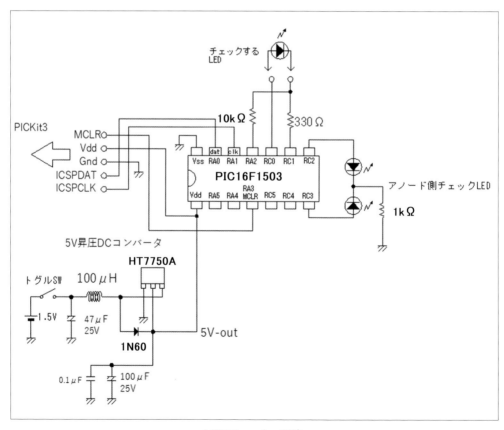

LEDチェッカー回路

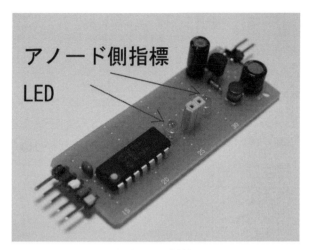

完成した回路基板

「LEDチェッカー」の主な部品表

| 部品名 | 型　番 | 秋月通販コード | 必要数 | 単　価 | 金　額 | 購入店 |
|---|---|---|---|---|---|---|
| PICマイコン | PIC16F1503 | I-07640 | 1 | 85 | 85 | 秋月電子 |
| 5V昇圧DCコンバータ | HT7750A | I-02800 | 1 | 40 | 40 | 〃 |
| 緑色LED　Φ3mm | | I-11637 | 2 | 10 | 20 | 〃 |
| 14PIN 丸ピンICソケット | | P-00028 | 1 | 25 | 25 | 〃 |
| 電解コンデンサ | 47μF-25V | P-10596 | 1 | 10 | 10 | 〃 |
| 〃 | 100μF-25V | P-03122 | 1 | 10 | 10 | 〃 |
| インダクター | 100μH | P-14220 | 1 | 30 | 30 | 〃 |
| ダイオード | 1N60 | I-07699 | 1 | 10 | 10 | 〃 |
| 0.1μF積層セラミックコンデンサ | | P-00090 | 1 | 10 | 10 | 〃 |
| 1/6W抵抗 | 330Ω | R-16331 | 1 | 1 | 1 | 〃 |
| 1/6W抵抗 | 1kΩ | R-16102 | 1 | 1 | 1 | 〃 |
| 1/6W抵抗 | 10kΩ | R-16103 | 1 | 1 | 1 | 〃 |
| 単三電池フォルダー | | P-00308 | 1 | 30 | 30 | 〃 |
| 電源用トグルスイッチ | | P-08163 | 1 | 30 | 30 | 〃 |
| 両面ユニバーサル基板 | 47mm×36mm | P-12171 | 1 | 40 | 40 | 〃 |
| | | | | 合計金額 | 343 | |

## 3-5 「LED」をどちらでつないでも点灯する仕組み

　次に、LEDの「アノード」と「カソード」をどちらでつないでも点灯する仕組みについて説明します。

＊

　次の**回路図**を見てください。

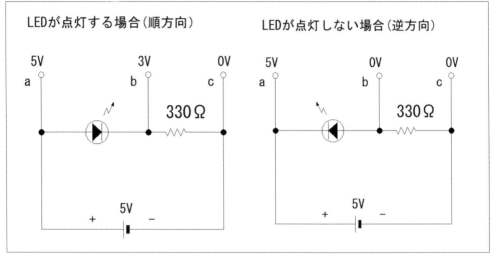

「LED」が点灯する場合／しない場合

　上の回路図では、LEDが「順方向」で接続されているので点灯します。
　そのときの「a,b,c」の各端子の電圧は、それぞれ、「5V、3V（多少前後する）、0V」です。

＊

　一方、下の回路では、LEDは「逆方向」に接続されているので点灯しません。
　この場合の各端子の電圧は、「5V、0V、0V」となります。

　つまり、「b端子」においては、LEDの接続状態によって電圧に明らかな違いが出ます。
　これをマイコンにある「A/Dコンバータ機能」を使って読み、もし「b端子」が「0V」ならば、電源に相当するマイコンの「C0、C1」の「high」と「low」を切り替えればいいわけです。

　切り替えると、**回路図**は次のようになります。

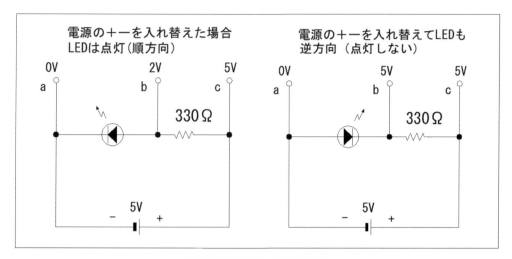

常に点灯する(ように見える)

こんどは、「b端子」は「2V」くらいです。

この状態で、LEDを「逆挿し」すると、「b端子」は、「5V」になります。

こうなったら、「C0,C1」端子の「high」と「low」を切り替えます。

そうすることで、またLEDが点灯するようになるのです。

＊

もちろんこの判定は、瞬時に行なわれるので、見た目には、どちらで接続しても点灯しているように見えます。

この「b端子」の電圧を読むことで、どちらが「アノード」（＋）側なのかも判別できるわけです。

# 3-6 制御プログラム

短いプログラムなので、特に難しいところはありません。

上記で説明した原理をそのままプログラムしているので、分かりやすいと思います。

```
//------------------------------------
// LED Checker Program
//    Programmed by Mintaro Kanda
//    2021-2-14(Sun)
//    for CCS-Cコンパイラ用
//------------------------------------
#include <16F1823.h>
#fuses INTRC_IO,NOWDT,NOBROWNOUT,PUT,NOMCLR,NOCPD
#use delay (clock=4000000)
int check()
{
    int rv;
    set_adc_channel(2);//LED端子電圧値を読む
    delay_us(30);
    rv=read_adc();
    return rv;
```

```
  }
  void main()
  {
     setup_oscillator(OSC_4MHZ);
     setup_adc_ports(sAN2);
     setup_adc(ADC_CLOCK_INTERNAL);
     set_tris_a(0x4);
     set_tris_c(0x00);
     output_c(0);
     while(1){
        if(check()>250){
                //アノード側点灯LED
                output_high(PIN_C3);
                output_low(PIN_C2);

                //チェックLED用
                output_high(PIN_C0);
                output_low(PIN_C1);
        }
        if(check()<10){
                //アノード側点灯LED
                output_high(PIN_C2);
                output_low(PIN_C3);

                //チェックLED用
                output_high(PIN_C1);
                output_low(PIN_C0);
        }
     }
  }
```

## 3-7　使い方

使い方はいたって簡単で、LEDを挿し込むコネクタに端子を入れるだけです。

LEDを実装していないときは、アノード側点灯のLEDが2つとも点灯し、電源が入っていることを示します。

LEDを挿すと、チェック対象のLEDが点灯すると同時に、アノード側のLEDも1つだけ点灯します。

# 第4章

# 「迷惑電話撃退機」を作る

　「オレオレ詐欺」をはじめとする電話を使った犯罪は年々増加し、なかなか減る様子がありません。

　それに伴って被害に遭う人も増えており、対策は急務と言えます。

　また、詐欺ではないものの、セールスの電話も厄介で、断るのに苦労している人も多いでしょう。

＊

　そこで、そのような電話を簡単に撃退できる「迷惑電話撃退機」を作ってみました。

　800円程度で作ることができるので、一家に一台作ってみてはいかがでしょうか。

ケースに入れた「迷惑電話撃退機」

## 4-1 「迷惑電話撃退機」の仕組み

では、どのようにして、迷惑電話を撃退するのでしょうか。

そもそも、なぜ機械を作らなければならないのでしょうか。

\*

迷惑電話がかかってきたときに、自分自身の言葉で断ればいいと思われがちですが、相手は訓練されたプロですから、簡単に引き下がるようなことがないため、どんどん相手のペースに引き込まれていくことになります。

それを一切させないのが、「迷惑電話撃退機」です。

仕組みは、極めて簡単で、「人間の心理」を巧みに利用したもので、「目には目を」ならぬ「騙しには騙しを」です。

相手を騙すのはよくないことですが、相手がこちらを騙そうとしているときには、こちらも同様にして対抗するのがいちばんです。

\*

電話がかかってきたときには、その相手が誰であれ、「もしもし、○×ですが……」などと、日本語で応じると思います。

そうすると、相手方は、何のためらいもなく、日本語で要件を話し出します。

オレオレ詐欺や、セールスの場合は、何とか電話を切られないように訓練された話術を繰り出して話を続けます。

これでは、もう、相手のペースになってしまうわけです。

そこで、「もしもし、○×ですが…」と応対する部分を、たとえば、「もしもし、どちら様でしょうか」などとして、英語や中国語、フランス語、ロシア語など(いずれか1つでよい)、絶対に相手が話せないような言語の、「ネイティブ発音」で応答するのです。

英語ならば、「Hello who are you?」、中国ならば「喂,您是哪位?」、フランス語ならば「Bonjour qui êtes-vous?」、ロシア語なら「Привет, кто ты?」という具合です。

もちろん、私たちにはこれらをネイティブ発音で喋ることはまずできませんが、喋る必要はありません。

今回製作する「迷惑電話撃退機」を使って発音させてやればいいわけです。

\*

ネットの「翻訳機能」を使って、応答するための日本語を入力し、あとは、適当な言語を1つ選んで、発音機能を使って喋らせたものを、「迷惑電話撃退機」に録音しておけばOKです。

google 翻訳

　相手が話せない言語で応答すると、相手のほうが焦って、「すみません、間違いました」と言って、電話を切ってくれます。

## 4-2 　「迷惑電話撃退機」回路図

今回作るのは、何の変哲もない、ただの「PCM録音再生機」です。
それを巧みに応用するだけです。

ICチップは、「ISD1730」を使います。

サウンドIC「ISD1730」

以下に回路図を示します。

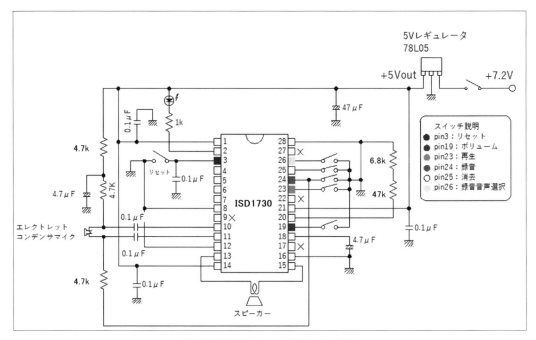

「迷惑電話撃退サウンド制御」全回路図

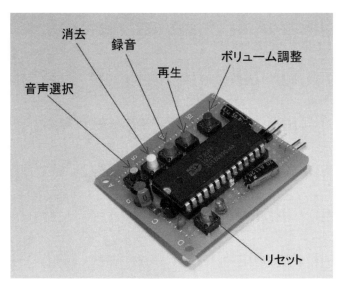

完成した基板と各ボタン機能

### 迷惑電話撃退機の主なパーツ表

| 部品名 | 型番 | 秋月通販コード | 必要数 | 単価 | 金額 | 購入店 |
|---|---|---|---|---|---|---|
| 音声録音・再生LSI | ISD1730 | | 1 | 250 | 250 | aitendo |
| 28PIN 丸ピンIC ソケット(600mil) | | P-00033 | 1 | 60 | 60 | 秋月電子 |
| 5Vレギュレータ | ＴＡ７８Ｌ０５など (TA48M05) | I-08973 | 1 | 20 | 20 | 〃 |
| 赤色LED（φ3mm） | OSR5JA3Z74Aなど | I-11577 | 1 | 10 | 10 | 〃 |
| 電解コンデンサ | 4.7μF | P-03175 | 2 | 10 | 20 | 〃 |
| 〃 | 47μF | P-03120 | 1 | 10 | 10 | 〃 |
| 0.1μF積層セラミックコンデンサ | 0.1μF | P-00090 | 6 | 10 | 60 | 〃 |
| 1/6W抵抗 | 1kΩ | R-16102 | 1 | 1 | 1 | 〃 |
| 1/6W抵抗 | 4.7kΩ | R-16472 | 3 | 1 | 3 | 〃 |
| 1/6W抵抗 | 6.8kΩ | R-16682 | 1 | 1 | 1 | 〃 |
| 1/6W抵抗 | 47kΩ | R-16473 | 1 | 1 | 1 | 〃 |
| 小型スピーカー（φ5cm）(任意のもの) | 4～8Ω | P-09013 | 1 | 100 | 100 | 〃 |
| タクトSW(青、茶、緑、赤、白、黄色) | TS-0606 | | 6 | 10 | 60 | 〃 |
| ボタン付きタクトSW(緑) | TS-AGGNH-G | P-03654 | 1 | 60 | 60 | 〃 |
| エレクトレットコンデンサ・マイク | XCM6035 | P-08182 | 1 | 50 | 50 | 〃 |
| 片面ユニバーサル基板基板 | 47mm×72mm | P-00517 | 1 | 60 | 60 | 〃 |
| | | | | 合計金額 | 766 | |

＊

　今回、スピーカーには、「秋月電子」のものではなく、「aitendo」で購入した小型のものを使いましたが、使うケースのサイズによって、適当に設定してみてください。

　また、電源用に使った「バッテリ」は、小型の「7.4V-260mAh リチウムポリマー電池」(ホビーショップ富士山)です。

　サイズが小さい(32mm×20mm×14.5mm)ので小型のケースに入れるのには重宝しますが、価格は850円ぐらいします。
　安く作りたい場合は、ケースの大きさを「1.5V単4電池」を4本実装できるサイズに変えて作るといいでしょう。

7.2V リチウム・ポリマー・バッテリ

ボタンには、

①リセット（PIN3）

②ボリューム（PIN19）

③再生（PIN23）

④録音（PIN24）

⑤消去（PIN25）

⑥音声選択（PIN26）

の6つがあります（回路図参照）。

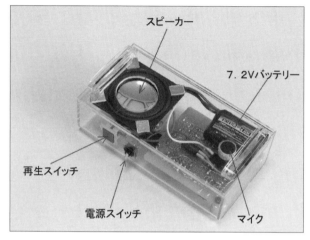

各部説明図

ケース裏面

＊

回路が完成したら、「マイク」と「スピーカー」を付けて、電源を入れます。

そして、④の録音ボタンを押したままにして、マイクに向かって「録音したい音」を入れます。

録音をやめる場合は、④ボタンを離すだけです。

＊

③の「再生ボタン」を押すと、今、録音した音を再生します。

最初はボリュームがMaxになっているので、音量を絞る場合は、②の「ボリュームボタン」を数回押してください。

1回押すごとに音量は下がっていきます。

＊

再び④ボタンを押して録音をすると、「録音残量」がある限り2つ目のパターンとして録音されます。

これらの録音したデータは、電源を切っても消えません。

＊

同様にして、3つ目、4つ目のパターンを録音していくことができますが、それらのトータル時間は、最高音質（12000Hz）で録音した場合は、「15秒」です。

「15秒」に達するまで入れることができます。

＊

複数のパターンを録音した場合、パターンを選択するのが、⑥の「音声選択ボタン」です。

電源投入時は必ず「最初のパターンからの再生」になるので、もし、4つ目のパターンを再生したいときは、⑥ボタンを3回押してから、③の「再生ボタン」を押します。

⑤ボタンを押すと、新しく録音したものから消去されていきます。

また、⑤を長押しすると、LEDが7回点滅して、すべての録音が消えます。

なお、電源をOFFしても、リセット・ボタンを押しても、録音された音声は消えません。

## 4-4　撃退音声の録音

実際に撃退に使う音声を録音するためには、パソコンのスピーカーから10ｃｍくらいのところにマイクが来る位置に本体を置きます。

そして、「録音ボタン」を押したままにして、パソコン側から任意設定した「撃退音声」を再生させます。

### ■もし相手がその言語で応答してきたら……

99.9％ないとは思いますが、もし相手が、こちらから応答した言語で何かを喋ってきた場合はどうしたらいいでしょうか。

これも、まったく心配要りません。

相手から日本語でいろいろなことをまくし立てられると焦ってしまいますが、それが理解不能な言語では何も気になりません。

そして、こちらからは、「迷惑電話撃退機」の「再生ボタン」を何度も押してやればいいだけです。

何度も同じことしか言わないと察すると、そのうち相手も嫌になって電話を切ってくれます。

## 4-5 ケースを作る

実際に使うときは電話口で使うので、「回路基板」のままでは使いづらいです。
そこで、適当なケースに入れる必要があります。

＊

今回は、大きさがちょうどいい、昔の「iPod-nano」(第4世代など)のプラスチックケースを使います。

主なケースの加工部分は、(1)「スピーカー」と「マイク」の開口部と、(2)「再生ボタン」(基板の再生ボタンと並列に接続)、「電源スイッチ」、その他、基板上に付けた「タクトボタン」を押すための穴です。

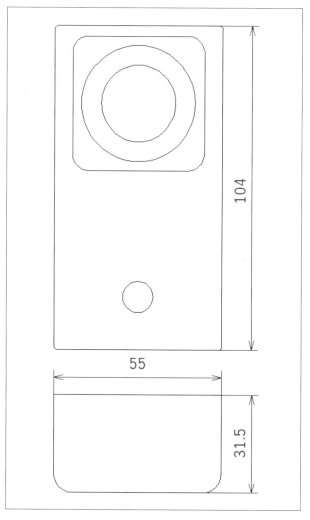

iPodnanoケース図面

スピーカーの開口部の加工の様子

「ケース裏面」には、ケース内の基板に付けてある各種操作のための「タクトスイッチ」を押せるように、「φ4mm」の穴を開けてあるので、ケースに入れた状態でも「タクトボタン」を押すことができます。

\*

特に使用頻度の高い「再生ボタン」だけは、ケース横にも実装しました。

もし、「録音ボタン」や「音声選択ボタン」なども、操作しやすいようにケース横などに実装したい場合は、各「タクトボタン」と「パラレル配線」してください。

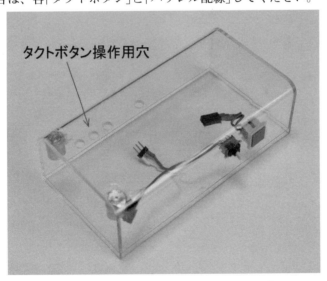

タクトボタン操作用穴

「タクトボタン」操作用の穴を開ける（φ4mm）

# 第5章

# ホールICを使った回転計（rpm計）

実際の「モータ」の回転数（rpm）や「ギヤード・モータ」の回転数を測定したい場合があります。

今回は、そのようなときに使える、「ホールICを使ったrpm計」を作ります。

PICマイコンを使って、500円程度で作れます。

「rpm計」で回転数を計測

## 5-1　rpm計

　「rpm」とは、「revolutions-per-minute」の略で、1分間に何回転しているかを表わす単位です。

　ロボットなどで使う「ギヤード・モータ」には、「ギヤ比」ではなく、この「rpm」が表記されていることも珍しくありません。

*

　「rpm」が低いほど高トルクの「ギヤード・モータ」であることが分かります。

　たとえば、モータの「rpm」が「10000」で、ギヤ比が「1:100」だとすると、出力軸の理論上の「rpm」は、「10000 ÷ 100 ＝ 100rpm」となります。

　とはいえ、モータの「rpm」は、実際に加える電圧や、出力軸に加える負荷でも変化するため、その表記はあくまでも目安で、必ずしも理論値どおりにはなりません。

*

　今回は、「モータ」や「ギヤード・モータ」の無負荷状態での「rpm」を測定するための実験を行ないます。

　回路やプログラムは簡単ですが、実際の測定では、測定しようとするモータ軸に、「ホールIC」を正しくセット、する工夫が重要になります。

## 5-2　非接触式レーザーrpm計

　Amazonで検索すると、非接触式の「レーザーrpm計」が、1500円程度の安価で売られています。

レーザーrpm計

　実際に買って使ってみると、それなりにきちんと動作することが確認できました(当たり前かもしれませんが……)。

　ここまで安いと、自分でわざわざ作ることもないと思えてきますが、今回はそれより安い金額で作れますし、プログラムやハードウエアの勉強にもなるので、作ってみることにしましょう。

# 5-3 回路図

今回製作する「rpm計」の回路図を示します。

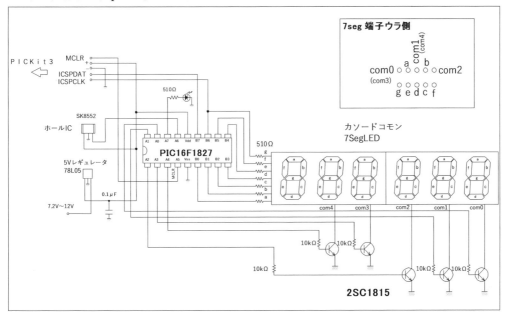

「ホールIC」を使った「rpm計」の回路図

特に難しいところはありませんが、万単位の「rpm」まで表示できるように、「7セグLED」を5桁にしています。

＊

使うPICは「PIC16F1827」（160円）です。

1個単位の「7セグLED」を5個使ってもいいのですが、3桁で70円という小さくて安いLEDがあったので、それを2つ使って6桁にしています。

ただ、実際に表示できるのは「5桁」（65535rpm）までです。

ラジコン用の「高回転ブラシレスモータ」でも、「50000rpm」を超えるものはそんなにはないので、充分な桁数です。

＊

「回転数」の検知には、「ホールIC」を使います。
モータ軸に取り付けた磁石で、「ホールIC」が磁力を検知して、単位時間あたりのカウントから「rpm」を計算する仕組みです。

＊

今回使った「ホールIC」（SK8552）は、ラッチなしで「N極」「S極」ともに反応し、正論理の出力をします。

ホールIC「SK8552」

磁力を検知しないと「0」となり、出力信号は出ないので、簡単に使うことができます。

完成した基板

「ホールICを使ったrpm計」の主な部品表

| 部品名 | 型　番 | 秋月通販コード | 必要数 | 単　価 | 金　額 | 購入店 |
|---|---|---|---|---|---|---|
| PICマイコン | PIC16F1827 | I-04430 | 1 | 160 | 160 | 秋月電子 |
| NPNトランジスタ | 2SC1815など | I-02612 | 5 | 5 | 25 | 〃 |
| ホールIC | SK8552 | I-11029 | 1 | 40 | 40 | 〃 |
| 5Vレギュレータ | 78L05など | I-08973 | 1 | 20 | 20 | 〃 |
| Φ3mm LED | OSR5JA3Z74Aなど | I-11577 | 1 | 10 | 10 | 〃 |
| 小型3桁7セグメントLED | カソードコモン | I-14727 | 2 | 70 | 140 | 〃 |
| 18PIN 丸ピンICソケット | | P-00030 | 1 | 40 | 40 | 〃 |
| 0.1μF積層セラミックコンデンサ | | P-00090 | 1 | 10 | 10 | 〃 |
| 1/6W抵抗 | 510Ω | R-16511 | 8 | 1 | 8 | 〃 |
| 1/6W抵抗 | 10kΩ | R-16103 | 5 | 1 | 5 | 〃 |
| 両面スルーホールユニバーサル基板 | 47mm×36mm | P-12171 | 1 | 40 | 40 | 〃 |
| | | | | 合計金額 | 498 | |

## 5-4　プログラム

次に、プログラムを示します。

＊

計測は、1分間カウントするのではなく、割り込みを使って得られる「1秒」を使います。
その間に計測を行なって、得られた値を60倍して表示しているわけです。

この考え方では、「2秒測定して30倍する」「5秒測定して12倍する」等々、いろいろ
と変更ができます。

しかし、「ギヤード・モータ」などの出力軸の「rpm」を計測するときなどで、「10rpm」
とか「30rpm」などのようなものについては、1秒では1回転にも達しないため、正しく
計測できません。

そのようなときには、プログラムを書き換えて、計測する秒数を変更してください。

＊

その際に、たとえば「5秒計測」するようにした場合は、プログラムの次の部分も、

```
amari=cnt*60;//約1秒間計測しているので60を乗じる
```

↓

```
amari=cnt*12;//約5秒間計測しているので12を乗じる
```

のように変更してください。

このようにすると、当然、5秒間の計測中は表示が行なわれないので、あまり計測時
間を多くするのもよいとは限りません。

＊

実際に計測する回転数が「60rpm」(1秒に1回転未満)を下回るような低速回転の場合は、
今回の「rpm計」の恩恵はあまりないかもしれません。

なぜならば、ゆっくりした回転ならば、1回転するのに要する秒数(t)を見て、「60÷t」
という計算をすればいいだけだからです。

＊

また、計測中にリアルタイムで測定結果を表示することもできますが、そのようにす
ると、回転数の速い場合(「5000rpm」を超えるような場合)は表示の時間がウエイトになっ
てしまい、正しいカウントができなくなります。

そのため、今回は、1秒計測して、1秒間表示をするようにしました。

表示する秒数は何秒でもかまいませんが、表示時間を多くすると、測定頻度が少なく
なります。

しかし、安定して回転している場合には、測定頻度を少なくしても問題はないので、
表示時間は好みに応じて変更してみてください。

```
//------------------------------------------------
// ホールICを使ったrpm計プログラム
// プログラムの制約上、65535rpm以上は測定できません。
// programmed by mintaro kanda
// 2021-9-5(Sun)  for CCS-Cコンパイラ
// PIC16F1827 Clock 16MHz
//------------------------------------------------
#include <16F1827.h>
#fuses INTRC_IO,NOMCLR
#use delay (clock=16000000)
#use fast_io(A)
#use fast_io(B)

int keta[5]={0,0,0,0,0};
long count=0;

#int_timer0//タイマー0
void timer_start()
{
    count++;
}
void insert(long cnt)
 {//表示用桁配列(keta[ ])に値を入れる
    long amari,waru=10000;
    int i;
    amari=cnt*60;//約1秒間計測しているので60を乗じる
    for(i=0;i<4;i++){
      keta[4-i]=amari/waru;
      amari%=waru;
      waru/=10;
    }
    keta[0]=amari;
}
void disp(long cnt)
{//7セグメント表示ルーチン
    int i,scan,data;
    int seg[11]={0x3f,0x06,0x5b,0x4f,0x66,0x6d,0x7d,0x07,0x7f,0x6f,0};
    scan = 0x1;
    insert(cnt);//表示用桁配列に値を入れる
    for(i=0;i<5;i++){

        switch(i){//ゼロサプレス
            case 1:if(keta[1]==0 && keta[2]==0 && keta[3]==0 &&
keta[4]==0) continue;
                   break;
            case 2:if(keta[2]==0 && keta[3]==0 && keta[4]==0) continue;
                   break;
            case 3:if(keta[3]==0 && keta[4]==0) continue;
                   break;
            case 4:if(keta[4]==0) continue;
        }
        //7seg
         data=seg[keta[i]];
         output_b(data);
```

```
            output_a(scan);
            delay_us(100);
            scan<<=1;
        }
    output_a(0x0);
    delay_us(50);
}
void main()
 {
  long lo,memolo;//（エル・オー）
  set_tris_a(0x60); //a5,a6ピン入力に設定
  set_tris_b(0x80); //b0-b6を出力に設定
  setup_oscillator(OSC_16MHZ);//内蔵のオシレータの周波数を16MHzに設定
  setup_adc_ports(NO_ANALOGS);//aポートすべてデジタル指定
  //タイマー0初期化
   setup_timer_0(T0_INTERNAL | T0_DIV_256);
   set_timer0(0); //initial set
   enable_interrupts(INT_TIMER0);
   enable_interrupts(GLOBAL);

  memolo=lo=0;//カウンターの初期値
  while(1){
      if(count>60){//約1秒間でカウントを終了
          memolo=lo;
          lo=count=0;
          while(count<60){//計測後1秒間表示、2秒表示したければ120とする
                           //その場合計測頻度は半分になる
              disp(memolo);
          }
          count=0;
      }
      if(input(PIN_A6)){
          output_high(PIN_A7);
          while(input(PIN_A6));
          output_low(PIN_A7);
          lo++;
      }
     //disp(memolo);//この位置にdisp()を入れると常時表示されるが、回転数が速く
なると
                  //対応しきれず、正しい値が出にくくなる
  }
}
```

## 5-5　測定用「回転アタッチメント」

　回転するものの測定を行なうには、**写真**のように「磁石」を回転させるための「アタッチメント」が必要になります。

　とは言ってもそれほど難しいものではなく、木の薄い板に磁石の穴とモータ軸の穴を開けて取り付けるだけです。

　写真の木の板はアイスのスティックを使ったものなので、簡単に作ることができます。
　黒い部分は、レーザーrpm計で測定して値を比較するための「マスキング・シール」なので、レーザー測定を行なう必要がない場合は必要ありません。

**計測用のアタッチメント**

　今回使った磁石は、「Φ3mm」で長さが「4mm」のネオジム磁石ですが、なるべく小さいものを使って回転バランスが極端に悪くならないようにしてください。

## 5-6　測定方法

　測定する場合は、「回転アタッチメント」の磁石付近に「ホールIC」を近づけて、モータを回転させます。
　前述したように、1秒ごとに計測と交互に行なって計測結果を表示します。

　安定した計測を行ないたい場合は、モータはきちんと固定し、「ホールIC」も同様に「モータ固定プレート」に固定するとよいでしょう。
　私が実際に測定した結果では、「RS380モータ」に「7.2V」の電圧を加えたときの値が「14100rpm」でした。

　これと同じ条件で、「オシロスコープ」に「ホールIC」を接続して測定した結果では、「235Hz/sec」となりました。

　この値から計算すると、「235×60＝14100」となり、この程度の回転数までは正しい結果が出ていること分かります。
　しかし、これ以上の「高速回転モータ」の場合、どこまで正しい測定結果が出るかは分からないので、いろいろと実験してみてください。

# 第**6**章

# 「回転角度検出センサ」の使い方

「関節」をもったロボットの制御では、「腕の角度」を検出したい場合が多くあります。

今回は、そのようなときに利用される、「回転角度検出センサ」の基本的な使い方を実験してみます。

完成した「回転角度検出センサ」実験回路

## 6-1 回転角度検出センサ

　今回実験で使う「回転角度検出センサ」は、ALPS社製のもので、「秋月電子」で、2個入り300円で販売されているものです。

　「秋月電子」のHPでは、「**ポテンショメータ方式**」の「**角度検出センサ**」という解説がありますが、「ポテンショメータ」とは、日本語では「可変抵抗器」で、いわゆる「ボリューム」と呼ばれているものです。

　ですから、原理的には一般的に売られている安価な回転式のボリュームと、さほど大きな違いはない、と思ってもらえばいいと思います。

一般的なボリューム(左)、回転角度検出センサ(右)

　しかしそれでは、わざわざ「角度検出センサ」と称して、いわゆる「ボリューム」と区別して売られている意味がありません。

　実際に購入してみて、その決定的な違いが分かりました。

　それは、「回転角度検出センサ」の場合は、軸を回転するのに要する「トルク」が、極めて少なくてすむということです。

　秋月の説明項目では、「回転トルク：2mN・m」となっています。
　それがどのような値なのか、一般的な「ボリューム」では比較になるようなデータが見つけられませんでした。
　そこで、次のようにして実験をしてみました。

　やり方は簡単で、それぞれの軸に3cmのFRPの腕を付けて、軸の端に1円玉(1g)を何枚乗せたら軸が回転するかを見てみました。

FRPで作った測定用の腕

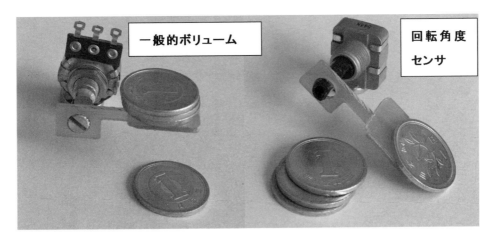

トルク検証実験

その結果は、以下のとおりです。

・一般的なボリューム：5枚
・回転角度検出センサ：1枚

実に、1/5以下の「トルク」で回転させることができます。

このことは大変重要です。

＊

角度を検知するとき、センサを回すために大きな「トルク」を必要とするのでは、本来の動きを邪魔してしまうことにもなりかねません。

その点、「回転角度検出センサ」では、一般的な「ボリューム」よりもはるかに少ない「トルク」で回転させることができるため、本来の動きを妨げません。

＊

回転可能な角度は「300度」程度で、一般的な「ボリューム」と変わらないという印象ですが、パーツの資料には「320度」と記載があります。

　なお、「可変抵抗範囲」は、「約500Ω～9.5kΩ」で、抵抗値の変化はリニアとなっており、「ボリューム」の「B型」と同じです。

## 6-2　実験回路

　今回の実験では、「回転角度センサ」の可変範囲（0度～300度）の現在角度を3桁の「7セグLED」に1度単位で表示するようにしてみます。

＊

　回路としては、一般的なボリュームの値を検出するための「A/Dコンバータ」を使った基本的なもので、「PIC16F1827」を使うことにします。

PIC16F1827

＊

　なお、今回使った3桁の「7セグメントLED」（OSL30251-LRA）は、3桁にもかかわらず、幅は15mmほどと極めて小型のものです。

　価格も70円と安価で回路基板を小さく作るときには大変重宝します。

小型3桁7セグLED「OSL30251-LRA」

　同サイズで表示色が黄緑色もあります（OSL30251-LYG）。

OSL30251-LYG

ただし、このLEDには「小数点」はありません。

*

回路図を以下に示します。

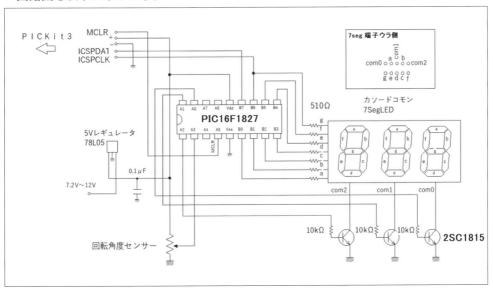

回転角度センサ実験回路

「回転角度センサ実験回路」の主な部品表

| 部品名 | 型番 | 秋月通販コード | 必要数 | 単価 | 金額 | 購入店 |
|---|---|---|---|---|---|---|
| PICマイコン | PIC16F1827 | I-04430 | 1 | 140 | 140 | 秋月電子 |
| NPNトランジスタ | 2SC1815など | I-00881 | 3 | 10 | 30 | 〃 |
| 5Vレギュレータ | TA78L05など (TA48M05) | I-08973 | 1 | 20 | 20 | 〃 |
| 小型3桁7セグメントLED(赤) | OSL30251-LRA | I-14727 | 1 | 70 | 70 | 〃 |
| 18PIN 丸ピンICソケット | | P-00030 | 1 | 40 | 1 | 〃 |
| 0.1μF積層セラミックコンデンサ | | P-00090 | 1 | 10 | 10 | 〃 |
| 1/6W抵抗 | 510Ω | R-16511 | 7 | 1 | 7 | 〃 |
| 1/6W抵抗 | 10kΩ | R-16103 | 3 | 1 | 3 | 〃 |
| 回転角度検出センサ | ALPS社製 | P-01597 | 1 | 150 | 150 | 〃 |
| 片面ユニバーサル基板 Dタイプ | 47mm×36mm | P-08241 | 1 | 30 | 30 | 〃 |
| | | | | 合計金額 | 461 | |

## 6-3 プログラム

以下に「プログラム」を示します。

コンパイラには、「CCS-C」を使っていますが、プログラムが短いので、他の「Cコンパイラ」への移植もそれほど難しくはないと思います。

\*

今回のプログラムで工夫する点としては、「回転角度センサ」の回転角度範囲の「0〜300度」までに対応するように、「A/Dコンバータ」から得られる値を調整することです。

\*

前述したように、「回転角度センサ」は右一杯に回したり、左一杯に回したりした状態でも「0Ω」や「10kΩ」にはならず、それぞれ、「500Ω」や「9.5kΩ」程度にしかなりません。

そのため、「A/Dコンバータ」からの値は「0」や「1023」(10bit読み出しの最大値)にはなりません。

そのため、次のように「0Ω」側に目一杯に回したときに得られる「A/Dコンバータ」の値(49)を引き算します。

そして、その結果でこんどは「10kΩ」側に目一杯に回して得られる値(880)を「300」で割り算し、その値(2.93)で割り算します。

```
va=(read_adc()-49)/2.93;//検出する角度を0〜300になるように設定
```

この「49」や「2.75」は個体差があると思われるので、実際に実装してみてから調整してください。

```
//------------------------------------------------
// CCS-C　回転角度センサ実験プログラム
//  programmed by mintaro kanda
//  2020-11-15(Sun)　for CCS-Cコンパイラ
// PIC16F1827 Clock 8MHz
//------------------------------------------------
#include <16F1827.h>
#device ADC=10 //アナログ電圧を分解能10bitで読み出す
#fuses INTRC_IO,NOMCLR
#use delay (clock=8000000)
#use fast_io(A)
#use fast_io(B)
int keta[]={0,0,0};
void insert(long cnt)
 {//表示用桁配列(keta[ ])に値を入れる
    int i;
    long amari,waru=100;
    amari=cnt;
    for(i=0;i<2;i++){
      keta[2-i]=amari/waru;
      amari%=waru;
      waru/=10;
    }
    keta[0]=amari;
}
void disp(long cnt)
{//７セグメント表示ルーチン
    int i,scan,data;
    int seg[11]={0x3f,0x06,0x5b,0x4f,0x66,0x6d,0x7d,0x07,0x7f,0x6f,0};
    scan = 0x1;
    insert(cnt);//表示用桁配列に値を入れる
    for(i=0;i<3;i++){
        if(i==1 && keta[1]==0 && keta[2]==0){
            continue;//ゼロサプレス
        }
        if(i==2 && keta[2]==0){
            continue;//ゼロサプレス
        }
        //7seg
        data=seg[keta[i]];
        output_b(data);
        output_a(scan);
        delay_ms(1);
        scan<<=1;
    }
    output_a(0x0);
    delay_us(500);
}
void main()
 {
  long va;
  set_tris_a(0x8); //a3ピンを入力に設定
  set_tris_b(0x0); //b0-b7ピンすべてを出力に設定
  setup_oscillator(OSC_8MHZ);//内蔵のオシレータの周波数を8MHzに設定
```

```
//アナログ入力設定
setup_adc_ports(sAN3);//AN3のみアナログ入力に指定
setup_adc(ADC_CLOCK_DIV_32);//ADCのクロックを1/32分周に設定

while(1){
    set_adc_channel(3);//回転角度センサの値を読む
    delay_us(30);
    va=(read_adc()-49)/2.93;//検出する角度を0～300になるように設定
    disp(va);
}
}
```

# 第7章

# 「ロータリー・エンコーダ」の使い方

「マイコン」を使った装置では、実際に動作をさせる前や動作をさせている最中に、動作状態を変更するためにプログラム中の数値を設定したい場合があります。

今回は、その際に使われるパーツの1つである、「ロータリー・エンコーダ」について、基本的な使い方を解説します。

「ロータリー・エンコーダ」による「Up/Downカウント」実験基板

## 7-1 「任意の数値」を設定するための「パーツ」

マイコンを使った装置では、「DIPスイッチ」や「DIPロータリースイッチ」などが、特定の値を設定するときに、よく使われます。

「DIPスイッチ」と「DIPロータリースイッチ」

「DIPスイッチ」は、スイッチの数が「4つ」の場合は「16通り」(0〜f)、スイッチが「8つ」の場合は「256通り」(0〜ff)まで設定可能です。

一方、「DIPロータリー」の場合は、16通り(0〜f)のものがよく使われます。

いずれも、スイッチの状態を見れば、どんな値に設定されているかは分かります。
しかし、使う装置によっては、必ずしも使い勝手がいいとは限りません。

たとえば、「カーステレオ」の音量コントロールに「DIPスイッチ」を使ったら、設定が面倒で使い物になりませんし、「DIPロータリー」では、16段階のコントロールしかできません。

\*

このようなときに便利なのが、「ロータリー・エンコーダ」です。

昔は、「カーステレオ」のボリューム調節も、「アナログ・パーツ」の「可変抵抗器」を使っていましたが、最近のものでは、「ロータリー・エンコーダ」が主流になっています。

## 7-2　　　　ロータリー・エンコーダ

「ロータリー・エンコーダ」は、秋月電子で80円～200円ほどで購入できる、安価なパーツです。

秋月電子では、かなり昔から「ロータリー・エンコーダ ドライブ回路キット」(2桁7セグLED表示、1000円)も販売しています。

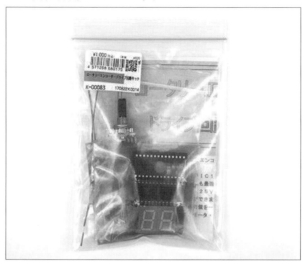

秋月電子の「ロータリー・エンコーダ ドライブ回路キット」

使い方は「DIPスイッチ」ほど簡単ではなく、買ってきただけですぐに動作させられるようなものではありません。

また、「DIPスイッチ」や「DIPロータリー」では、「バイナリ設定」できる値の範囲が決まっていますが、「ロータリー・エンコーダ」には、そのような「設定できる数の範囲」などもありません。

＊

「ロータリー・エンコーダ」には、**写真**のように3つの端子があり、それぞれ、「A,B,C」となっています。

各種「ロータリー・エンコーダ」

　秋月電子で販売しているものには、いくつかの種類があり、それぞれで、「端子」(A,B,C)の順番が異なるので注意が必要です。

＊

　「24クリック・タイプ」とは、"軸を360度一周させたときに、24回パルスが出力可能"ということです。

　「ロータリー・エンコーダ」は、「時計回り」にも、「反時計回り」にも、エンドレスに回転できるので、1周で何パルス出力可能かは、それほど問題ではありません。

＊

　単独で数値が設定できるようなパーツではないので、接続は一般的に次のようにマイコンのいずれかの2ポートに接続して使い、プログラムを記述して処理します。

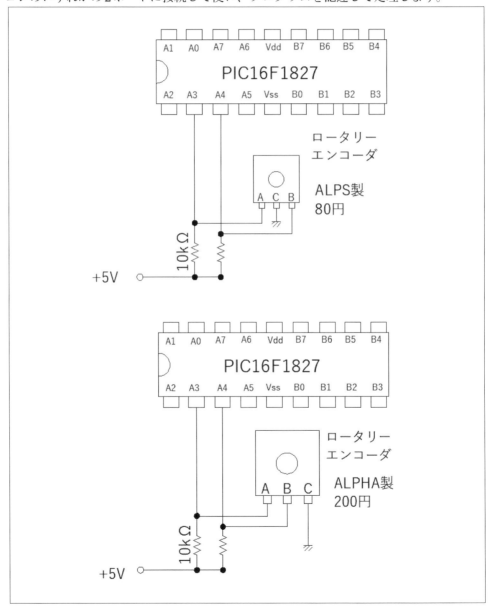

「ロータリー・エンコーダ」の接続

## 7-3  「ロータリー・エンコーダ」の出力波形

　では、「A,B」の両端子から、どのような波形が出力されるのかを、実際に「オシロスコープ」で見てみることにしましょう。

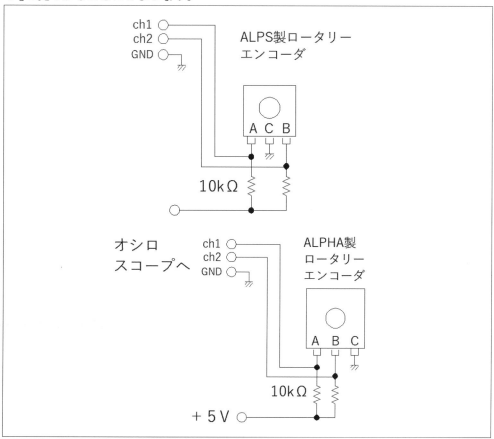

波形観察用回路

波形観察用基板（ALPS社製の使用例）

　この2つの波形は、回転させる方向によって、どちらの波形（「high」から「low」への立ち下り）が最初に現われるかが変わります。

　つまり、「どちらの波形が最初に来たのか」を判定することによって、回された方向を認識し、「Upカウント」するか、「Downカウント」するかを決定します。

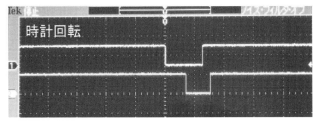

「オシロスコープ」による出力波形の観察（時計回り）

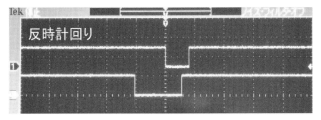

「オシロスコープ」による出力波形の観察（反時計回り）

　「A,B」の2つの端子からは、「矩形波」がわずかにズレて出力されていることが分かります。

　この波形を作っているのは、①「メカニカル・スイッチ」と、②「オプティカル半導体」の2種類がありますが、秋月電子で扱っているものは、①の「**メカニカル・スイッチ**」方式です。

＊

　「メカニカル・スイッチ」方式のものは安価ですが、理想的なきれいな波形が出力されるとは限らないため、その処理に少々手間がかかります。

　その処理とは、波形の「立ち上がり時」や「立ち下がり時」の微小時間で波形が乱れる、「チャタリング」という現象の処理です。

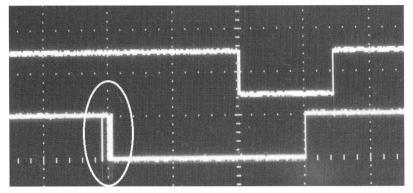

「チャタリング」を捉えた部分

　②の「オプティカル半導体方式」であればこのような現象は起きませんが、価格は「メカニカル方式」の10数倍高くなります。

＊

　「ロータリー・エンコーダ」のシャフトを回転させても、「刻み」のある1クリックでは、単発の波形が出るだけです。
　そこで、シャフトをある程度速く回した場合にどうなるかを試してみるために、次のように「ギヤード・モータ」の軸と「ロータリー・エンコーダ」のシャフトを接続して、モータで回してみました。

「ギヤード・モータ」に接続して回転

　その結果が次の波形です。

＊

　かなり高速で回しても、問題ないことが分かります。
（黒いラインは、どちらの波形が最初に立ち下がったかを見るためのポイント）

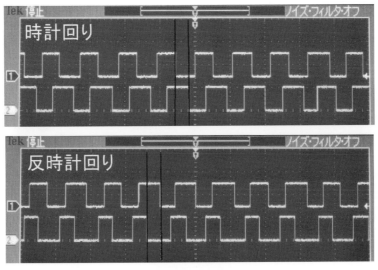

連続波形の観察

　この2つの波形から、マイコン内部で「カウンタ」をアップダウンさせるプログラムを
適用することで、はじめて機能するのです。

＊

　2相の波形が出力されていることで、軸を回転させる方向によって、「Upカウント」
させるか、「Downカウント」させるのかを識別させます。

　「カーステレオ」のボリュームを想像すれば、理解しやすいでしょう。

　アナログのボリュームでは、右か左いっぱいに回すとそれ以上回せなくなりますが、「ロー
タリー・エンコーダ」では、エンドレスに回ります。

　そのため、プログラムの書き方によって、「アップさせる上限値」や「ダウンさせる下
限値」などを、自由に設定できます。

## 7-4　テスト回路図

　今回、「ロータリー・エンコーダ」の利用実験として、次のような回路を作ってみまし
た。

＊

　「ロータリー・エンコーダ」は、「DIPスイッチ」などのように、それ単体では、現在何
の数値を設定しているかは分かりません。

　そこで、設定されている数値を表示するように、3桁の「7セグメントLED」を付けま
した。

＊

　使ったマイコンは「PIC16F1827」(140円) ですが、「A/Dコンバータ」などの特別な機
能は必要ないので、ポート数を必要数だけ確保できれば、どのPICでも同じように使
うことができます。

　今回、回路に使った「ロータリー・エンコーダ」は、ALPHA社製 (秋月電子で200円)
のものです。

　80円と安価なALPS社製のものでも動作しますが、ALPHA社製のほうがより安定し
た動作になります。

＊

　最初は、「どちらも端子の順番の違い以外同じようなものだろう」と思い、安価な
ALPS社製のほうで試しましたが、ALPHA社製のほうでは問題なく動作するのに、
ALPS社製に変えると動作が不安定になりました。

　原因をいろいろ探っていたところ、ALPS社製のものは、「B端子」が、クリック後も「C
端子」と導通したままになる場合があることが判明。

　いつもそうなるのではなく、導通しているときもあれば、導通していないときもある
という厄介なものでした。

　「これは、パーツとしておかしいだろ！」と思って、メーカーのHPにある、製品の仕
様をよく見てみると、「クリック安定点でのB相出力は規定できません」とあります。

　思わず、「そんな部品があるんだ」と驚くとともに、値段なりなのかなと納得しました。

　このような仕様のパーツを使うと、ソフトウエアを書くときに大変苦労することになります。

＊

　一応、ALPS社製のものでも動作はしますが、安定的に動作させるようなプログラムを書くには、少々時間が必要です。
　よって、120円高くなりますが、今回はALPHA社製のものを使うことにします。

　もちろん、ALPHA社製のものでも、まれに同様の現象が生じることがありますが、その頻度はALPS社製のものに比べてかなり低いようです。

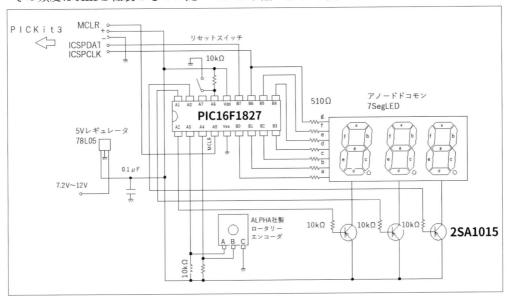

「ロータリー・エンコーダ」基本回路

「ロータリー・エンコーダ」基本回路の主な部品表

| 部品名 | 型　番 | 秋月通販コード | 必要数 | 単　価 | 金　額 | 購入店 |
|---|---|---|---|---|---|---|
| PICマイコン | PIC16F1827 | I-04430 | 1 | 140 | 140 | 秋月電子 |
| PNPトランジスタ | 2SC1023 (2SA1313) | I-00882 | 3 | 5 | 15 | 〃 |
| 5Vレギュレータ | TA78L05など (TA48M05) | I-08973 | 1 | 20 | 20 | 〃 |
| 小型3桁7セグメントLED(緑) | アノードコモン | I-08898 | 1 | 100 | 100 | 〃 |
| 18PIN 丸ピンICソケット | | P-00030 | 1 | 40 | 1 | 〃 |
| 0.1μF積層セラミックコンデンサ | | P-00090 | 1 | 10 | 10 | 〃 |
| 1/6W抵抗 | 510Ω | R-16511 | 7 | 1 | 7 | 〃 |
| 1/6W抵抗 | 10kΩ | R-16103 | 6 | 1 | 6 | 〃 |
| タクト・スイッチ (色は自由) | | P-03646 | 1 | 10 | 10 | 〃 |
| ロータリー・エンコーダ | ALPHA社製 | P-00292 | 1 | 200 | 200 | 〃 |
| 片面ユニバーサル基板 Dタイプ | 47mm×36mm | P-08241 | 1 | 30 | 30 | 〃 |
| | | | | 合計金額 | 539 | |

## 7-5　　　　　　　　　　プログラム

プログラムを示します。

2つの「位相波形」の特性を利用して、カウンタ値をアップダウンさせます。
　電源をoffにしたときに、セットした値が消えてしまうと使い勝手が悪いので、カウンタの値を「EEPROM」上にも書き込んでいます。

　「lo」(エル・オー)はlongで2バイトの変数なので、1バイトずつに分離してアドレスに書き込みます。

　これによって、電源を切ってもセットされたカウンタの値は保持されているので、再び電源を入れると、電源を切ったときの値がそのまま表示されます。

※カウンタの値を0にしたいときは、「リセット・ボタン」(A6に接続のスイッチ)を押します。

```
//------------------------------------------------
// CCS-C　ロータリー・エンコーダ基礎実験プログラム
//　programmed by mintaro kanda
//　2020-7-25(Sat)　for CCS-Cコンパイラ
// PIC16F1827 Clock 8MHz
//------------------------------------------------
#include <16F1827.h>
#fuses INTRC_IO,NOMCLR
#use delay (clock=8000000)
int keta[]={0,0,0};
void insert(long cnt)
 {//表示用桁配列(keta[ ])に値を入れる
    int i;
    long amari,waru=100;
    amari=cnt;
    for(i=0;i<2;i++){
      keta[2-i]=amari/waru;
      amari%=waru;
      waru/=10;
    }
    keta[0]=amari;
}
void disp(long cnt)
{//７セグメント表示ルーチン
   int i,scan,data;
   int seg[11]={0x3f,0x06,0x5b,0x4f,0x66,0x6d,0x7d,0x07,0x7f,0x6f,0};
   scan = 0x1;
   insert(cnt);//表示用桁配列に値を入れる
   for(i=0;i<3;i++){
      if(i==1 && keta[1]==0 && keta[2]==0) continue;//ゼロサプレス
      if(i==2 && keta[2]==0) continue;//ゼロサプレス
      //7seg
      data=seg[keta[i]];
      output_b(~data);
      output_a(~scan);
      delay_ms(1);
```

```
        scan<<=1;
    }
    output_a(0x7);
    delay_us(500);
}
void main()
 {
  long lo;//（エル・オー）
  int i,ad0,ad1;
  int rv=0;//ロータリー・エンコーダからの値
  set_tris_a(0x18); //a3-a4ピンを入力に設定
  set_tris_b(0x0); //b0-b7ピンすべてを出力に設定
  setup_oscillator(OSC_8MHZ);//内蔵のオシレータの周波数を8MHzに設定

  //EEPROMの値がffでない場合、EEPROMの値をloにセット
  ad0=READ_EEPROM(0);
  ad1=READ_EEPROM(1);
  if(ad0!=0xff && ad1!=0xff){
     lo=ad1*256 + ad0;
  }
  else{
     lo=0;//カウンターの初期値
  }
  while(1){
      while(rv=(input_a() & 0x18),rv==0x18){//回転操作待ち
          disp(lo);
          if(!input(PIN_A6)) lo=0;//リセットボタンが押されたらカウンタを0に
      }
      switch(rv){
          case 0x08: while(input(PIN_A4));
                     while(!input(PIN_A4)) disp(lo);
                     if(lo>0) lo--;
                     else lo=999;//0のとき左にディクリメント操作すると999になる
                     break;
          case 0x10: while(input(PIN_A3)) ;
                     while(!input(PIN_A3)) disp(lo);
                     lo++;
                     break;
      }
      lo%=1000;//今回は10進・3桁なので1000を超えないようにしている
              //つまり、この1000の値を変えれば、カウントの最大値を変更できる
              //最大値を超えると0に戻る

      //EEPROMにloの値を書き込み、電源を切っても記憶させる
      WRITE_EEPROM(1,lo/256);
      WRITE_EEPROM(0,lo%256);

      for(i=0;i<12;i++){//チャタリング除去のための時間待ちを兼ねる
          disp(lo);        //最適に動作するように12の値を調整（4から20ぐらい）する
                           //（クロック周波数にもよる）
      }                    //小さい値では、正常にカウントUp/Downされない可能性あり
  }
}
```

# 第 8 章

# 「半導体式 ロータリー・エンコーダ」の基本

> ロボットの製作によく使われるパーツに「ギヤード・モータ」があります。
> その中には、「ロータリー・エンコーダ」付きのものも販売されています。
>
> 今回は、その基本的な使い方について取り上げてみます。

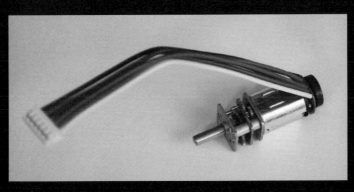

「ロータリー・エンコーダ」付きの「ギヤード・モータ」

## 8-1 半導体式 ロータリー・エンコーダ

「ロータリー・エンコーダ」については、**前章**でも取り上げました。

その際の「ロータリー・エンコーダ」は、手動で回す「メカニカル式」のもので、大きさも一般的なボリュームと同じぐらいのものでした。

メカニカル式「ロータリー・エンコーダ」

今回取り上げるのは、「メカニカル式」ではなく、「半導体式」の小型の「ロータリー・エンコーダ」が、モータ軸に直接取り付けられているものです。

＊

「半導体式センサ」には2つの「ホールIC」が取り付けてあり、モータの軸に取り付けてある磁石が回転することで、「メカニカル式」と同様の「矩形波」が生成されます。

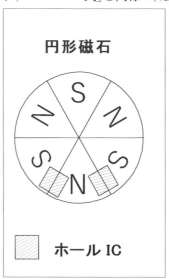

円形磁石

N S N S S N

ホール IC

「ホールIC」を使った非接触型「ロータリー・エンコーダ」（イメージ）

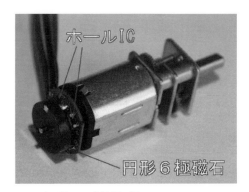

「ホールIC」を使った非接触型「ロータリー・エンコーダ」

　センサは2つなので、回転方向が「時計回り」か「反時計回り」か検知できます。

＊

　半導体式「ロータリー・エンコーダ」の特長としては、

(1)「メカニカル式」で発生するチャタリングがない。

(2) モータの回転に負担をかけない。

という点があります。

　モータに直接付けてある「ロータリー・エンコーダ」が、どのような役割を果たすのかと言えば、モータの軸の状況(回転方向、回転数など)を、マイコンなどを使って知ることができます。

　そのため、たとえば「サーボモータ」のような振る舞いをさせることも可能です。

　今回取り上げたものは、特に「ギヤード・モータ」になっているので、「ロータリー・エンコーダ」の機能を、よりよく使うことができます。

## 8-2　今回の実験

　今回の実験では、モータに取り付けてある「ロータリー・エンコーダ」からの信号を処理して、「正転/逆転」の状況を読み取ったり、「モータが何回転したのか」をセンサからの波形をカウントして読み取ったりします。

　今回取り上げたホールIC式「ロータリー・エンコーダ」では、「円形磁石」が前図のように「S極」「N極」に磁化されたものになっているため、モータが「1回転」するとそれぞれのセンサからの波形が「3回」生成されることになります。

　したがって、たとえば「波形」を「300回」カウントしたら、モータが「100回転」したことになるわけです。

　また、2つのセンサからの信号を「オシロスコープ」で観察してみると、**次図**のようになっています。

　「メカニカル式」ではないので、**前章**の実験のようなチャタリングは発生せず、キレイな波形です。

＊

　モータを「正転」させたときと、「逆転」させたときでは、双方の波形の立ち上がり順に違いがあることが分かります。

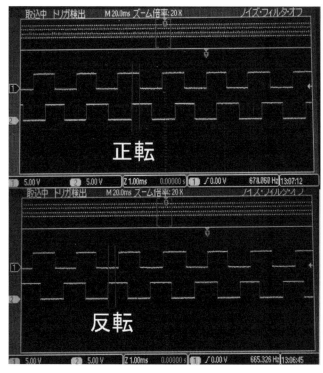

**モータを回転させて得られる波形**

　前章の「ロータリー・エンコーダ」の実験プログラムと同様に、この波形の違いを読み取ってプログラムを記述することで、「正転なのか逆転しているのか」、また、「モータが何回転したのか」などを知ることができるのです。

# 8-3 回路図

次に「回路図」を示します。

この回路では、マイコン制御ではない状態でモータの「正転/逆転」を容易に行ない、カウントの違いを簡単にモニタできるようにするために、「FET」で「フルブリッジ回路」を組んでいます。

＊

モータの回転は、2つの「タクトスイッチ」で行ないます。

ボタンを「まったく押さないとき」と「両方押したとき」のどちらでも、モータにブレーキがかかるようになっています。

今回は、「マイコン」のポートに空きがなくなったので、マイコン側からはモータの回転制御をしていません。

しかし、ポートの多いものに変えれば、モータの「ON/OFF」もマイコンで制御可能です。

その場合は、「モータ駆動電圧」の違いがあるので、各「FET」のゲートのドライブに、「トランジスタ」を1つずつ (計4つ) 入れて、マイコンのポートからは、そのトランジスタの「ベース」を制御するようにします。

完成した実験基板

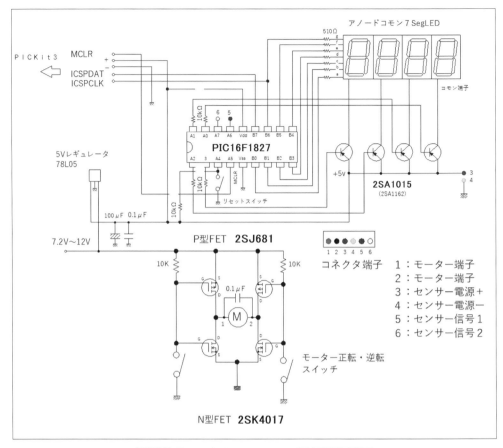

「半導体式 ロータリー・エンコーダ」実験用回路図

### 「ロータリーエンコーダ付きギヤードモータ実験」の主な部品表

| 部品名 | 型番 | 秋月通販コード | 必要数 | 単価 | 金額 | 購入店 |
|---|---|---|---|---|---|---|
| PICマイコン | PIC16F1827 | I-04430 | 1 | 150 | 150 | 秋月電子 |
| P ch FET | 2SJ681 | I-08358 | 2 | 40 | 80 | 〃 |
| N ch FET | 2SK4017 | I-07597 | 2 | 30 | 60 | 〃 |
| PNP トランジスタ (2SA1162) | 2SA1015 I-06734 | 4 | 5 | 20 | | 〃 |
| 5Vレギュレータ | L78L05 | I-01250 | 1 | 20 | 20 | 〃 |
| 18PIN 丸ピンICソケット | | P-00030 | 1 | 40 | 40 | 〃 |
| 4桁 7セグメントLED (アノード) | E40364-IFOW | I-14426 | 1 | 100 | 100 | 〃 |
| 0.1μF積層セラミックコンデンサ | 0.1μF | P-00090 | 2 | 10 | 20 | 〃 |
| 電解コンデンサ 16V以上 | 100μF | P-03122 | 1 | 10 | 10 | 〃 |
| 1/6W抵抗 | 510Ω | R-16510 | 7 | 1 | 7 | 〃 |
| 1/6W抵抗 | 10kΩ | R-16103 | 7 | 1 | 7 | 〃 |
| タクトスイッチ(色は自由) | | P-03646 | 3 | 10 | 30 | 〃 |
| 片面ユニバーサル基板 | 47mm×72mm | P-00517 | 1 | 60 | 60 | 〃 |
| ZHコネクタ ベース付ピン 6P | 1.5mmピッチ | C-14164 | 1 | 15 | 15 | 〃 |
| ロータリーエンコーダ付きギヤードモータ | | ※ | 1 | 1380 | 1380 | Amazon |
| | | | | 合計金額 | 1,999 | |

※Amazonにおけるモータ価格は常に変動しているのでおおよその価格

　なお、今回使用した7セグメントLED「E40364-IFOW」のピン配置図は、次のようになっています。

　型番の印刷してあるほうを下にした状態で、裏側(ピン側)から見た状態の図です。

上側

b 2 3 f a 4
1 g c 　 d e

a〜g はセグメント

1〜4 は+コモン

「E40364-IFOW」のピン配置図

7セグメントLED「E40364-IFOW」

## 8-4 プログラム

プログラムでは、まず、「モータの回転方向」を検知するプログラムを示します。

＊

前述したように、モータを回転させると、2つあるホールセンサが次の図のような信号をそれぞれ、「RA7」「RA6」ポートに出力します。

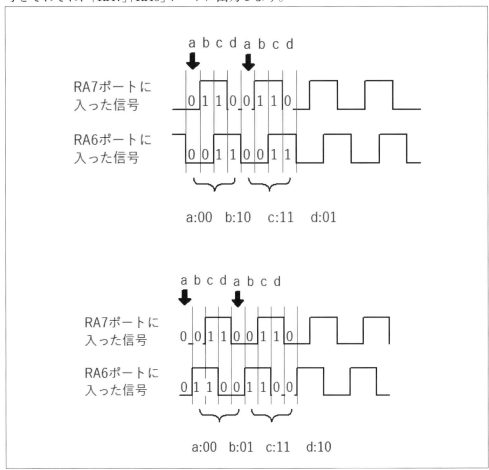

「ロータリー・エンコーダ」からの信号（上が正転、下が逆転）

図から分かるように、正転時と逆転時では、2つのポートで信号の組み合わせパターン（データ）が異なることが分かります。

＊

「a点」では、波形はいずれも「00」です

よって、この部分を検知した後にそれに続くデータを4回読み取り、「8ビット」（1バイト）のデータとして生成。

その違いで回転方向を検知します。

**前章**において、手回しの「ロータリー・エンコーダ」で同様の処理をした際は、波形がいずれも「11」のところを起点にして（「00」でもよい）、その次のデータが「10」なのか「01」

なのかを判断して回転方向を検知するプログラムにしていました。

　今回も最初はそのようなプログラムで試しましたが、エラーになることが多かったため、もう＋αのデータを読み取って判断することにしました。

　そうすることで、判断に必要な波形のサイクル数は「2」になりますが、信頼性が向上します。

　図では、正転のときは「00」を検知後のデータとして「10110100」(2進)となり、逆転では、「00」を検知後のデータとして「01111000」(2進)となります。
　それぞれ16進数では、「b4」「78」となり、10進数では、「180」「120」となります。
＊
　では、そのような考え方に基づいて作ったプログラムを示します。

　このプログラムでは、単に「回転方向」(「正転」か「逆転」か)を検知して「180」または、「120」のいずれかを表示するだけです。
　モータを回すか、「ロータリー・エンコーダ」を手で回すことで、結果を試すことができます。

```
//------------------------------------------------
// PIC16F1827 ロータリー・エンコーダ付き
//    モータ駆動実験(回転方向検知のみ)program
// Programmed by Mintaro Kanda
// for CCS-C   2021-6-26(Sat)
//------------------------------------------------
#include <16F1827.h>
#fuses INTRC_IO,NOWDT,NOPROTECT,NOBROWNOUT,PUT,NOMCLR,NOCPD,NOLVP
#use delay (clock=8000000)
#use fast_io(A)
#use fast_io(B)
int keta[]={0,0,0,0};
signed long lo=0;
#int_timer0//タイマー0
void timer_start()
{
  //7セグメント表示ルーチン
   int i,scan,data;
   int seg[11]={0x3f,0x06,0x5b,0x4f,0x66,0x6d,0x7d,0x07,0x7f,0x6f,0};

   scan = 0x1;
  //表示用桁配列(keta[ ])に値を入れる
   signed long amari=0,waru=1000;
   amari=lo;
   for(i=0;i<3;i++){
     keta[3-i]=amari/waru;
     amari%=waru;
     waru/=10;
   }
   keta[0]=amari;//表示用桁配列に値を入れる
```

```
    for(i=0;i<4;i++){
        if((i>0 && (keta[1]+keta[2]+keta[3])==0) || (i>1 &&
(keta[2]+keta[3])==0) ||
           (i>2  && keta[3]==0) ){
               data=seg[10];//ゼロサプレス
        }
        else{
           data=seg[keta[i]];
        }
        output_b(~data);
        output_a(~scan);
        delay_us(900);
        scan<<=1;
    }
    if(!input(PIN_A4)) lo=0;//リセットボタンが押されたらカウンタを0に

    output_a(0xf);
    delay_us(100);
}
int rot()
{//回転方向を検知するための8bitデータを生成する関数
    int i,rv=0,rvd,chek=0;//rv:ロータリー・エンコーダからの値
    while( rv=input_a()>>6,rv==0);
    for(i=0;i<3;i++){
        rvd=input_a()>>6;
        while(rv=input_a()>>6,rv==rvd);
        chek|=rvd;
        chek<<=2;
    }
    return chek;
}
void main()
 {
   int ch;
   setup_oscillator(OSC_8MHZ);
   set_tris_a(0xf0);//a4-a7 pin is input
   set_tris_b(0x0);

   //タイマー0初期化
   setup_timer_0(T0_INTERNAL | T0_DIV_64);
   set_timer0(0); //initial set
   enable_interrupts(INT_TIMER0);
   enable_interrupts(GLOBAL);

   while(1){//回転方向によって、180または120を表示する
     while(ch=rot(),ch!=0xb4 && ch!=0x78);//b4=180(10進)  78=120(10進)
     lo=ch;
   }
}
```

＊

次に、「回転数を検知するプログラム」を追加して、カウンタを「up/down」させるプロ

グラムにします。

＊

　今回は、あえてモータの「正転/逆転」を「マイコンからの制御」ではなく、「マイコンから独立」して行なえるようにしています。

　そもそも、マイコン側からモータの「正転/逆転」を制御する場合は、「ロータリー・エンコーダ」からの信号で回転方向を検知する必要がありません。
　なぜならば、検知しなくても、正転か逆転かをマイコン側が指示しているからです。

　このような場合は、単に2つあるセンサのどちらか一方が出力する波形をカウントして、回転数を検知するだけでOKです。
　ですから、今回は、より難しい処理に対応する方法を行なっているということになります。

＊

　では、「プログラム」を示します。

　先ほどのプログラムでモータの「回転方向」が検知できたので、後は「RA7」または「RA6」いずれかのポートからの信号をカウントするだけです。

　モータが回転している間は、回転方向の検知ルーチンには入りません。
　モータが停止して再び回転し始めたときは、「回転方向の検知ルーチンを実行する」というようにします。

＊

　「カウントアップ」「ダウン」の様子は、割り込みを使ってリアルタイムに「4桁」の「7セグLED」で表示しています。
　しかし、表示にはある程度の時間が必要になるため、割り込み頻度を上げると、カウントの取りこぼしが多く発生してしまいます。

　そのため、極力割り込み頻度を下げるために、プリスケーラーの値を「256」に設定しているわけです。

　この値を128、64、32…と小さくしていくと、割り込み頻度が多くなるためLEDの表示は明るくなりますが、カウントの値は、実際よりもかなり少なくなってしまいます。

　しかし、実際の使い方においては、「センサからの信号」によるカウントを別にLEDに表示させる必要はなく、それにかかる負荷はないのが普通ですので、特に問題にはなりません。
　正確なカウントを必要とする場合は、信号を読み込むルーチンでは、極力余計な処理を含まずに行ないます。

動作中の様子

```
//--------------------------------------------------
// PIC16F1827 ロータリー・エンコーダー付き
//    モータ駆動実験(回転方向・回転数検知)program
// Programmed by Mintaro Kanda
// for CCS-C    2021-6-26(Sat)
//--------------------------------------------------
#include <16F1827.h>
#fuses INTRC_IO,NOWDT,NOPROTECT,NOBROWNOUT,PUT,NOMCLR,NOCPD,NOLVP
#use delay (clock=8000000)
#use fast_io(A)
#use fast_io(B)
int keta[]={0,0,0,0};
signed long lo=0;
#int_timer0//タイマー0
void timer_start()
{
  //7セグメント表示ルーチン
   int i,scan,data;
   int seg[11]={0x3f,0x06,0x5b,0x4f,0x66,0x6d,0x7d,0x07,0x7f,0x6f,0};

   scan = 0x1;
  //表示用桁配列(keta[ ])に値を入れる
   signed long amari=0,waru=1000;
   amari=lo;
   for(i=0;i<3;i++){
     keta[3-i]=amari/waru;
     amari%=waru;
     waru/=10;
   }
   keta[0]=amari;//表示用桁配列に値を入れる

   for(i=0;i<4;i++){
```

```
        if((i>0 && (keta[1]+keta[2]+keta[3])==0) || (i>1 &&
(keta[2]+keta[3])==0) ||
            (i>2  && keta[3]==0) ){
                data=seg[10];//ゼロサプレス
        }
        else{
            data=seg[keta[i]];
        }
        output_b(~data);
        output_a(~scan);
        delay_us(900);
        scan<<=1;
    }
    if(!input(PIN_A4)) lo=0;//リセットボタンが押されたらカウンタを0に

    output_a(0xf);
    delay_us(100);
}
signed int rot()
{
    int i,rv=0,rvd,chek=0;//rv:ロータリー・エンコーダからの値
    signed int pu=0;
    while( rv=input_a()>>6,rv==0);
    for(i=0;i<3;i++){
        rvd=input_a()>>6;
        while(rv=input_a()>>6,rv==rvd);
        chek|=rvd;
        chek<<=2;
    }
    if(chek==0xb4) pu=1;
    else if(chek==0x78) pu=-1;
        else pu=0;

    return pu;
}
void main()
 {
    signed int ch=0;
    long count;
    setup_oscillator(OSC_8MHZ);
    set_tris_a(0xf0);//a4-a7 pin is input
    set_tris_b(0x0);

    //タイマー0初期化
    setup_timer_0(T0_INTERNAL | T0_DIV_256);//256の値を128,64,32,16・・・
と下げると
                                    //割り込みによるカウント表示頻度が増す
    set_timer0(0); //initial set
    enable_interrupts(INT_TIMER0);
    enable_interrupts(GLOBAL);

 EX:while(1){
     while(ch=rot(),ch==0) ;//chが0のときは検知エラー
     while(1){
```

```
        count=0;
        while(input(PIN_A7)){//RA7の波形をカウント、A6でもよい
          count++;
          if(count>1024) goto EX;
        }
        count=0;
        while(!input(PIN_A7)){ //RA7の波形をカウント、A6でもよい
          count++;
          if(count>1024) goto EX;
        }
        lo+=ch;
        if(lo>9999) lo=0;
        if(lo<0) lo=9999;
      }
    }
  }
```

第**9**章

# PIC同士の「I2C通信」実験

複数のPICをつないで、データのやり取りをしたい場合があります。

今回は、そのような場合によく使われる、「I2C」という規格の「シリアル通信実験」を、シンプルにしてみたいと思います。

応用範囲が広いので、ぜひ、試してみてください。

「I2C」実験基板

## 9-1 「シリアル通信」と「パラレル通信」

「**パラレル通信**」は、1バイト（8bit）のデータをそのまま単純に「8本の線」を接続して送ります。

かつて「パソコン」と「プリンタ」や「ハードディスク」などの接続では、この方法が主流でした。

1回のデータ転送で、1バイトのデータを送ることができますが、「送信側」「受信側」のいずれでも「8ポート」を必要とするので、現実的には、双方の「PIC」がそれなりに多くの「I/Oポート」をもっていないと接続が難しくなります。

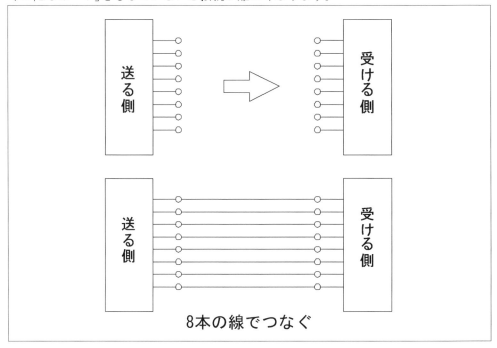

「**パラレル通信**」のイメージ

＊

それに対して、「**シリアル通信**」では、基本的にはデータ線は「1本」ですみます。

なぜならば、上記と同様に1バイトのデータを送るときにも、1bitずつ8回に分けて時間差で送り込むからです。

最近では、転送速度が極めて速くなったため、ハードディスクやプリンタの接続も、「USB」という「シリアル方式」で行なわれています。

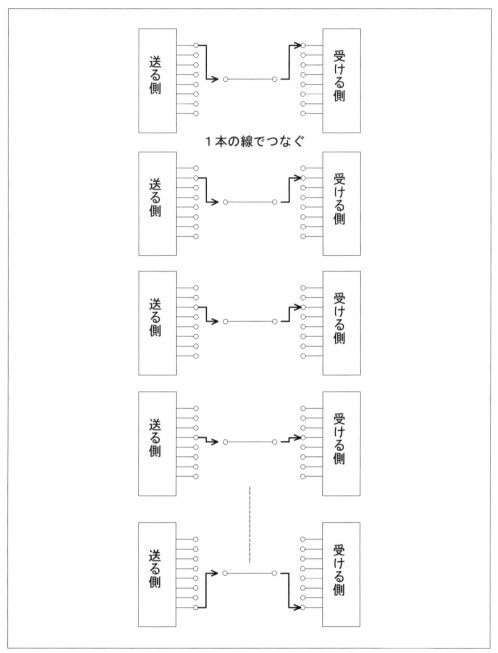

「シリアル通信」のイメージ

　このようにすることで、「パラレル通信」では、8本必要だったデータ線がたった1本になるわけです（「I2C」では、もう1本クロック用の線が必要）。

　デメリットとしては、1バイトのデータを転送する場合でも、8回に分けて転送する必要があるため、各bitを受け手側できちんと捉えて、正しく1バイトのデータに復元できないと困る、ということが挙げられます。

＊

そのためには、「復元するための取り決め」などをしておかなくてはなりません。
それが、「**通信プロトコル**」と呼ばれる考え方です。

どういう取り決め方でもかまわないのですが、「こういう取り決めでやりましょう」ということを誰かが提唱して、多くの人が賛同して使うようになれば、「デファクト・スタンダード」として、その「通信プロトコル」が世に広まっていくことになります。

## 9-2 I2C規格

今回取り上げる「I2C」という方式もその1種で、フィリップス社が提唱したプロトコルです。

特徴としては、

(1)アドレスを指定することで、同じライン上に接続した複数の機器 (マイコン) に対して個別のデータを送ることができる。

(2)「Fastモード」で「400kbit/sec」の通信スピードを実現。

(3)「SPI通信」が「3線接続」(SDO、SDI、SCK)に対して、「2線接続」(SDA,SCL)である。
などが挙げられます。

「I2C」についての詳細な内容は、ネット上や多くの本で解説されているので、**本書で**はPICを使った実践的な内容のみを取り上げます。
\*
PICの「シリアル通信機能」としては、「SPI通信」もあります。
PIC同士の接続で、どちらを使うかは、「I2C」と「SPI」の通信スピードなどの違いで特に問題がなければ、どちらを使ってもかまいません。

ただし、「I2C」を使う場合は、PICと「PIC以外のデバイス」(「音声合成LSI」や「液晶表示モジュール」「温湿度センサモジュール」など) がいずれかの通信形式を採用している場合などは、データを転送する際に、そのデバイスの「指定アドレス」と合わせなくてはいけません。

## 9-3 使用するPIC

今回実験に使うのは、「PIC16F1503」（マスター側）と「PIC18F13K22」（スレーブ側）です。

選択の理由は、

(1)安価である（85円と190円）。

● (2)**いずれも「I2C」機能を有する。**

(3)あえて異なるPICを使う。

ということです。

特にこの2つの型番でなくてもかまいませんが、(2)の条件だけは必須です。
もちろん、「I2C機能」を有していれば、同じ型番同士のPICでもかまいません。

今回の実験で使うPICマイコン「PIC16F1503」（上）、「PIC18F13K22」（下）

実験に用いた回路を示します。

＊

今回の実験では、「PIC16F1503」に接続した「DIPロータリースイッチ」(「0」～「15(f)」まで設定可)の値を、「I2Cシリアル通信機能」を使って、もう一方の「PIC18F13K22」へ転送し、受け取った「PIC18F13K22」に接続した「7セグメントLED」で、その値を表示するという、極めてシンプルなものです。

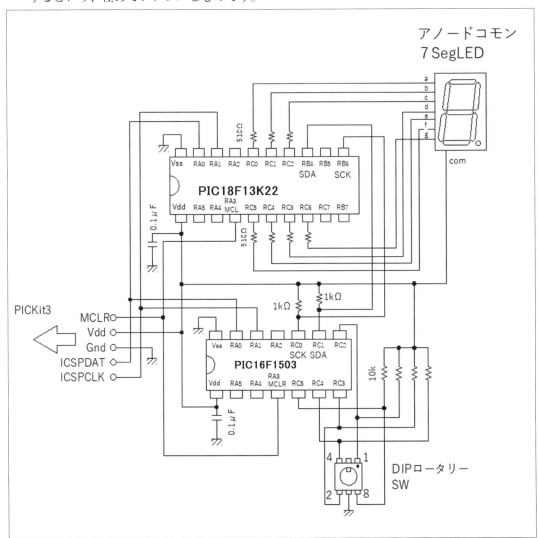

「I2C」実験回路

完成した基板

「I2C通信実験」の主な部品表

| 部品名 | 型番 | 秋月通販コード | 必要数 | 単価 | 金額 | 購入店 |
|---|---|---|---|---|---|---|
| PICマイコン | PIC16F1503 | I-07640 | 1 | 85 | 85 | 秋月電子 |
| PICマイコン | PIC18F13K22 | I-05846 | 1 | 190 | 190 | 〃 |
| 20PIN 丸ピンICソケット | | P-00031 | 1 | 50 | 50 | 〃 |
| 14PIN 丸ピンICソケット | | P-00028 | 1 | 25 | 25 | 〃 |
| DIPロータリースイッチ 0～F | 負論理 | P-02277 | 1 | 150 | 150 | 〃 |
| 7セグメントLED(アノード) | OSL10326-IR | I-12644 | 1 | 60 | 60 | 〃 |
| 0.1μF積層セラミック コンデンサ | | P-00090 | 2 | 10 | 20 | 〃 |
| 1/6W抵抗 | 510Ω | R-16511 | 7 | 1 | 7 | 〃 |
| 1/6W抵抗 | 1kΩ | R-16102 | 2 | 1 | 2 | 〃 |
| 1/6W抵抗 | 10kΩ | R-16103 | 4 | 1 | 4 | 〃 |
| 両面ユニバーサル基板 | 47mm×36mm | P-12171 | 1 | 40 | 40 | 〃 |
| | | | | 合計金額 | 633 | |

# プログラム

次に、「PIC16F1503」(マスター側) と「PIC18F13K22」(スレーブ側) それぞれのプログラムを示します。

\*

「I2C通信」の特徴でもある「アドレス指定」では「a0 (16進)」としていますが、このアドレスは、いくつかのリザーブされたアドレス以外であれば、今回のように特に「a0」でなければならないということはありません(奇数でなければ)。

ですから、「80」とか「82」でも動作に影響はありません。

\*

ただし、当然のことですが、「マスター側のアドレス」と「スレーブ側のアドレス」は一致させなければなりません。

\*

また、今回は「CCS-Cコンパイラ」を使いました。

このコンパイラを使うと、「CCS-C」に用意されているI2C用の関数を使うことで、今回のプログラムのように極めて短い記述だけで「I2C」を利用することができます。

「XC」など別のコンパイラを使う場合は、それぞれのコンパイラ用に記述を変更しなければなりません。

\*

マスター側の「PIC16F1503」から、データを転送する次の記述で、「2bit右シフト命令」があるのは、「DIPロータリースイッチ」が「RC2〜RC5」に接続されているためです。

```
i2c_write(input_c()>>2);//データを転送
```

プログラムの際のその他の注意点としては、「マスター側」から「スレーブ側」へデータを転送するプログラムにおいて、マスター側のSCK、SDA端子 (C0,C1) の端子属性は「OUT」になると思われるかもしれません。

しかし、実際は「set_tris_c (0x3f) ;」とし、「RC0〜RC5」まですべて「IN」の設定になるので、注意してください。

\*

今回は異なるマイコンが1つの基板上に実装されています。

よって、「PicKit3」でプログラムを書き込む際には、次の写真のように、書き込むマイコンのみをソケットに入れて、それぞれ対応するプログラムで書き込み作業を行ないます。

\*

2つのマイコンを同時に挿したままでの書き込みはできないので、注意してください。

双方のマイコンに書き込みが終わったら、2つのマイコンをソケットに挿して、電源をつないで動作させます。

1503の書き込み

13K22の書き込み

書き込みの際は、それぞれ対応するマイコンチップのみを挿して行なう

```
//----------------------------------------------------------
// I2C通信(マスター側) 実験プログラム PIC16F1503  Program
// (for CCS-Cコンパイラ用) プログラム  メインクロック 8MHz
//  Programmed by Mintaro Kanda
//  2021.6.6(Sun)
//----------------------------------------------------------
#include <16F1503.h>
#fuses INTRC_IO,NOWDT,NOPROTECT,NOMCLR
#use delay (clock=8000000)
#use fast_io(A)
#use fast_io(C)
#use i2c(MASTER,SDA=PIN_C1,SCL=PIN_C0,ADDRESS=0xa0,fast,FORCE_HW)
void main()
 {
   set_tris_a(0x0);//all output
   set_tris_c(0x3f);//c0,c1,c2,c3,c4,c5 port Input

   setup_oscillator(OSC_8MHZ);
   setup_adc_ports(NO_ANALOGS);

   while(1){
      i2c_start();
      i2c_write(0xa0);//アドレス(0xa0)を転送
      i2c_write(input_c()>>2);//データを転送
      i2c_stop();
```

```
        delay_ms(20);
    }
}
```

```
/------------------------------------------------------------
// I2C通信(スレーブ側) 実験プログラム  PIC 18F13K22用
// Programmed by  Mintaro kanda  メインクロック 8MHz
//   for CCS-C コンパイラ      2021/6/6(Sun)
//   I2C sirial port SDA:B4 , SCL:B6
//------------------------------------------------------------
#include <18F13K22.h>
#fuses INTRC_IO,NOWDT,NOPROTECT,NOMCLR,NOBROWNOUT
#use delay (clock=8000000)
#use fast_io(a)
#use fast_io(b)
#use fast_io(c)
#use i2c(slave,SDA=PIN_B4,SCL=PIN_B6,ADDRESS=0xa0,FAST,FORCE_HW)
//                         マスター側のアドレス↑(0xa0)と合わせる
void disp(int val)
{//7セグメント表示ルーチン
    int da;
    int  seg[16]={0x3f,0x06,0x5b,0x4f,0x66,0x6d,0x7d,0x07,0x7f,0x6f,0x77
,0x7c,0x39,0x5e,0x79,0x71};
    da=seg[val];
    output_c(~da);
    delay_ms(1);
    output_c(0xff);
    delay_us(100);
}
void main()
{
    int data=0;
    setup_oscillator(OSC_8MHZ);//クロック8MHz
    set_tris_a(0x0);//a all port Output
    set_tris_b(0xff);//b all port Input
    set_tris_c(0x0);//all port Output

    while(1){
      if(i2c_poll()){
            data = i2c_read();//データの読み込み
      }
      disp(data);
    }
}
```

# 第10章

# 「PIC I2C接続」による
# 「16chサーボ」駆動実験

「2足歩行ロボット」などの製作では、関節に多数のサーボを使い、独立してコントロールしています。

そのような場合に便利な「I2C接続」の「16chサーボ駆動キット」が、950円という安価(秋月電子)で販売されています。

今回はこのキットを使って複数のサーボを駆動する実験をします。

キットを動作させるためのマイコン回路は300円程度で、極めて小さく作ることができます。

「I2C接続」で「16chサーボ」を駆動させる

写真が「I2C接続16chサーボ駆動キット」です。

「I2Cシリアル接続」で駆動します。

キット基板

　仮に16個のサーボをマイコンだけで独立コントロールしようとすると、PWM端子が16個必要です。

　しかし、それほど多くのPWM端子をもつマイコンはほとんど見当たりません。

　そのようなときに便利なのが今回の「駆動キット」です。

＊

　「駆動デバイス」には、NXP社製の「PCA9685」が使われています。

　このICは、もともと「I2C通信機能」を使って、マイコンの2端子のみで個別のLEDの明るさを効率良くコントロールするためのものです。

　PWMで制御するサーボでも同様に使うことができます。

＊

　このキットのハードウエアの資料に関しては、「秋月電子」のサイトから入手できるので、それを参照してください。

## 10-2　実験回路図

それでは、この駆動キットと「PICマイコン」を接続する回路を作って使ってみましょう。

＊

今回使うPICは、**前章**の「I2C通信」で「マスターCPU」として使った「PIC16F1503」(85円)です。

PIC16F1503

その他のPICでも「I2C通信機能」を有するものであれば同様に使うことができます。

キットの基板には、本体の電源5Vの他にサーボを駆動するための電源端子(5V〜6V)があり、別に供給する必要があります。

＊

サーボ駆動時は1個でも、最大「数百mA」の電流が流れるので、16個フル接続した場合などは、「3A〜5A」程度の電流が必要になります。

その場合はキットに付属するターミナル部品を半田付けして、そこに接続するサーボの個数に応じた、余裕をもった電源を接続してください。

今回は、実験で3個のサーボを接続する程度なので、それほど大きな電流容量の電源はつながずに行ないます。

また、「I2C」では、「SCK」「SDA端子」に、「1k〜4.7kΩ」程度の抵抗を介してプルアップする必要があります。

このキット基板にはその抵抗があらかじめ付いており、パッド端子(J1,J2)をつなぐことでその役目を果たせるようになっています。

必ず、(a)写真のように、半田付けで「半田」を盛るか、(b)「330Ω(0Ω〜)」程度のチップ抵抗を付けるなどして「4.7kΩ」の抵抗を有効にしてください。

半田付けで接続する箇所

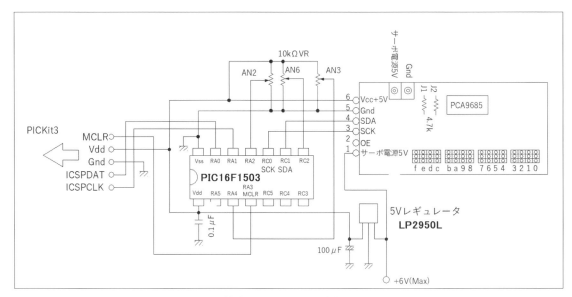

I2C接続16chサーボ駆動実験回路

## 「I2C接続16chサーボ駆動実験」の主な部品表

| 部品名 | 型番 | 秋月通販コード | 必要数 | 単価 | 金額 | 購入店 |
|---|---|---|---|---|---|---|
| PICマイコン | PIC16F1503 | I-07640 | 1 | 85 | 85 | 秋月電子 |
| 低損失 5Vレギュレータ (78L05) | LP2950L | I-08750 | 1 | 20 | 20 | 〃 |
| 14PIN 丸ピンICソケット | | P-00028 | 1 | 25 | 25 | 〃 |
| 6P ピンソケット(L型) | | C-09862 | 1 | 20 | 20 | 〃 |
| 6p ピンヘッダー(L型) | (5pで使う) | C-05336 | 2 | 10 | 20 | 〃 |
| 0.1μF積層セラミックコンデンサ | | P-00090 | 1 | 10 | 10 | 〃 |
| 100μF電解コンデンサ (16V以上) | | P-03122 | 1 | 10 | 10 | 〃 |
| 小型 10kΩ VR | 10kΩ B型 | P-15813 | 3 | 40 | 120 | 〃 |
| I2C 16chサーボ駆動キット | AE-PCA9685 | K-10350 | 1 | 950 | 950 | 〃 |
| 両面ユニバーサル基板 | 24mm×36mm | P-12725 | 1 | 25 | 25 | 〃 |
| | | | | 合計金額 | 1,285 | |

※この表にはサーボは含まれませんので、必要な個数を別途用意する必要があります。

完成した基板にキット基板とサーボを接続

# 10-3 制御プログラム（PIC CCS-C）

次に「制御プログラム」を示します。

\*

今回も、「CCS-Cコンパイラ」を使ったプログラムになります。

「CCS-Cコンパイラ」には、「I2C通信」を実行するのに便利な関数が用意されているので、他の「Cコンパイラ」と比較して、簡単にプログラムできます。

```
//----------------------------------------
// PIC16F1503 I2C PCA9685使用
//    多Servo駆動 テスト Program
//    （CCS-Cコンパイラ用）
// Programmed by Mintaro Kanda
// 2021-7-4(Sun)
//----------------------------------------
#include <16F1503.h>
#fuses INTRC_IO,NOWDT,NOPROTECT,NOMCLR
#use delay (clock=8000000)
#use i2c(MASTER,SDA=PIN_C1,SCL=PIN_C0,ADDRESS=0x40,fast,FORCE_HW)
#use fast_io(A)                          //↑ボードのアドレス
#use fast_io(C)
#define ADR 0x80 //PCA9685のアドレス
#define NT 300 //NTはニュートラル値
void servo_init()//サーボイニシャライズ(初期設定)
{
    int i,reg;
    //-------- <①MODE1設定> --------
    i2c_start();
    i2c_write(ADR);//PCA9685のアドレス
    i2c_write(0);//レジスタ(MODE1)
    i2c_write(0x31);//スタンバイ
    i2c_stop();

    //-------- <②PRE_SCALE設定> --------
    i2c_start();
    i2c_write(ADR);
    i2c_write(0xFE);//レジスタ(pre_scaleレジスタ)
```

```
            i2c_write(0x79);//プリスケーラー設定　クロック25MHz、pwm周波数50Hz
                           //25M÷(4096×50)-1=121（←0x79）
            i2c_stop();

            //--------＜③MODE1設定＞--------
            i2c_start();
            i2c_write(ADR);//PCA9685のアドレス
            i2c_write(0);//レジスタ
            i2c_write(0x21);//レジスタインクリメント
            i2c_stop();

            //--------＜④MODE2設定＞--------
            i2c_start();
            i2c_write(ADR);//PCA9685のアドレス
            i2c_write(1);//レジスタ(MODE2)
            i2c_write(0x04);//stopコマンドで出力、出力はトーテムポールで、などの設定
            i2c_stop();

            //--------＜⑤PWMレジスタ設定＞--------
        reg=0x06;//PWMレジスタ設定(1サーボ当たり4レジスタ設定)
        for(i=0;i<16;i++){ //16サーボの初期化
            i2c_start();
            i2c_write(ADR);//PCA9685のアドレス
            i2c_write(reg+i*4);//レジスタ
            i2c_write(0);//パルスstart書き込み
            i2c_write(0);
            i2c_stop();

            i2c_start();
            i2c_write(ADR);//PCA9685のアドレス
            i2c_write(reg+i*4+2);//レジスタ
            i2c_write(NT & 0xff);//パルスend書き込み　NTはニュートラル位置値
            i2c_write(NT>>8);
            i2c_stop();
        }
        delay_ms(500);//PCA9685レジスタ初期化後　0.5秒待ち
}
void servo_set(int n,long pos)//nはサーボを接続したボードの端子番号(0から
0xf)
{
    int re;
    re=n*4+8;
    //--------＜⑤PWMレジスタ設定＞--------
    i2c_start();
    i2c_write(0x80);//PCA9685のアドレス
    i2c_write(re);//レジスタ

    i2c_write((pos) & 0xff);//下位8ビットパルスend書き込み
    i2c_write((pos)>>8);//上位8ビット
    i2c_stop();

}
void main()
 {
```

```
    set_tris_a(0xfc);//A0,A1以外のportは Input
    set_tris_c(0x07);//C0,C1,C2 portは  Input
    setup_oscillator(OSC_8MHZ);
    setup_adc_ports(NO_ANALOGS);

    servo_init();
    while(1){
      //==================================[パターン A]
        servo_set(0,150);//[0]番サーボを動かす
        delay_ms(1500);//1.5秒待ち

        servo_set(0,NT);//ニュートラル(中間)位置
        delay_ms(1500);//1.5秒待ち

        servo_set(0,450);
        delay_ms(2000);//2秒待ち
      //================================================
    }
}
```

＊

　プログラムするにあたって重要なことに、キットに使われているチップ「PCA9685」のレジスタの設定があります。

　これについては、「PCA9685」のメーカーであるNXP社が提供しているマニュアルを参考にする必要がありますが、残念ながら日本語のものは見当たらないので英語版を見るしかありません。

　「秋月電子」のHPからもPDFファイルで参照できるので、詳しくはそちらをご覧ください。

＊

　今回のプログラムで、設定に必要な部分については次の表のとおりです。

**「PCA9685」のレジスタの設定**

| レジスタ | レジスタアドレス | ビット | | | | | | | | 今回の設定値 |
|---|---|---|---|---|---|---|---|---|---|---|
| ① MODE1 | 0x00 | 7 RESTART | 6 EXTCLK | 5 AI | 4 SLEEP | 3 SUB1 | 2 SUB2 | 1 SUB3 | 0 ALLCAL | 0x31 |
| | | 0 | 0 | 1 | 1 | 0 | 0 | 0 | 1 | |
| ② PRE_SCALE | 0xfe | 0 | 1 | 1 | 1 | 1 | 0 | 0 | 1 | 0x79 |
| ③ MODE1 | 0x00 | 7 RESTART | 6 EXTCLK | 5 AI | 4 SLEEP | 3 SUB1 | 2 SUB2 | 1 SUB3 | 0 ALLCAL | 0x21 |
| | | 0 | 0 | 1 | 0 | 0 | 0 | 0 | 1 | |
| ④ MODE2 | 0x01 | 7 Reserved | 6 Reserved | 5 Reserved | 4 INVERT | 3 OCH | 2 OUTDRV | 1 OUTNE | 0 OUTNE | 0x04 |
| | | 0 | 0 | 0 | 0 | 0 | 1 | 0 | 0 | |
| ⑤ PWM | 0x06〜0x45 | 7 | 6 | 5 | 4 3 | | 2 | 1 | 0 | ＊ |
| | | ＊ | ＊ | ＊ | ＊ | ＊ | ＊ | ＊ | ＊ | |

＊は、サーボに送る矩形波のデューティーを設定する(マニュアルに従って設定)

＊

　このプログラムは、正常な動作をするかどうかを確認するため、「0番端子」にサーボ

を1つだけ接続して動作させるもの(パターンA)です。

　サーボの3本線の仕様は、写真のように真ん中が「+」(プラス)で、その他の2本が「-」(マイナス)と信号線です。

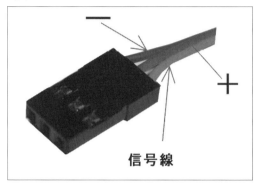

サーボコネクタの各線

　線の色についてはサーボメーカーによって異なりますが、真ん中が「+」(プラス)であることから、コネクタを「逆挿し」してもサーボや回路が破損することはまずありません。

　ただし、挿し込むピンがズレると「+」と「-」が逆になる可能性があるので、注意が必要です。
　「黒色」または「茶色」などが「-」で、「白」や「オレンジ色」が信号線であることが多いですが、実際に使うサーボの説明書を参照してください。
＊
　プログラムの中で、「サーボの角度」を決定しているのが、「servo_set()」という関数です。
　この関数のパラメータは、(サーボ指定番号、サーボ角度)の2つです。

　「サーボ角度」の範囲は、実験の結果おおむね「150～500」程度ですが、サーボのメーカーや型番によって多少異なる場合があります。
　実際に使うサーボに対して、指定した数値でどのような角度になるか試してみてください。
＊
　次に、3個のサーボをキットの基板端子[0]、[1]、[2]に接続して、個別にコントロールしてみましょう。

　「パターンA」(==で囲まれた部分)だけを、次の「パターンB」にそっくり変更して動かしてください。
　3個のサーボが個別に動作していることを確認できます。

```
//==================================[パターン B]
    servo_set(0,150);//[0]番サーボを動かす
    servo_set(1,200);//[1]番サーボを動かす
    servo_set(2,450);//[2]番サーボを動かす
    delay_ms(1500);//1.5秒待ち

    servo_set(0,NT);//[0]番サーボニュートラル(中間)位置
    servo_set(1,300);//[1]番サーボを動かす
    servo_set(2,400);//[2]番サーボを動かす
    delay_ms(1500);//1.5秒待ち

    servo_set(0,450);//[0]番サーボを動かす
    servo_set(1,400);//[1]番サーボを動かす
    servo_set(2,350);//[2]番サーボを動かす
    delay_ms(2000);//2秒待ち
//==================================================
```

3個のサーボを接続して動作実験

**10-4** 「ボリューム」を回して個別のサーボを独立して動かす

次に、**写真**にあるように3個の「ボリューム」で、それぞれのサーボを個別に動かす実験をします。

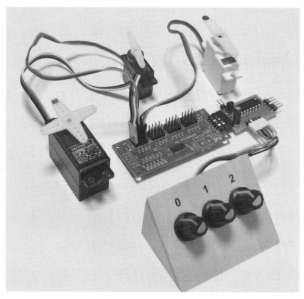

**3個の「ボリューム」で各サーボをコントロール**

回路基板に接続した「ボリューム」を動かすことで、アナログ端子に読み込んだ値を使って、それぞれに対応したサーボに送る「デューティー値」を変更します。

＊

前のテストプログラムのコメント部分から、

```
#include <16F1503.h>
#device ADC=10 //アナログ電圧を分解能10bitで読み出す
```

までと、「main()」以降の部分だけをそっくり入れ替えます。

```
//---------------------------------------
// PIC16F1503 I2C PCA9685使用
//    多Servo駆動 ボリュームでコントロール Program
//       (CCS-Cコンパイラ用)
//  Programmed by Mintaro Kanda
//         2021-7-4(Sun)
//---------------------------------------
#include <16F1503.h>
#device ADC=10 //アナログ電圧を分解能10bitで読み出す
   :
   :
void main()
 {
   int i,ch[]={2,3,6};
   long v[3];
   set_tris_a(0xfc);//A0,A1以外のportは Input
   set_tris_c(0x07);//C0,C1,C2 portは  Input
```

```
    setup_oscillator(OSC_8MHZ);

    //アナログポート入力設定
    setup_adc_ports(sAN2|sAN3|sAN6);//AN2,AN3,AN6のみアナログ入力に指定
    setup_adc(ADC_CLOCK_DIV_32);//ADCのクロックを1/32分周に設定

    servo_init();
    while(1){
        for(i=0;i<3;i++){
            set_adc_channel(ch[i]);//アナログポートの値を読む
            delay_us(30);
            v[i]=read_adc()/3;
            servo_set(i,150+v[i]);//[i]番サーボを動かす
        }
    }
}
```

# 索 引

# 五十音順

[著者略歴]

## 神田　民太郎 (かんだ・みんたろう)

1960年5月　宮城県生まれ。
　長くプログラミング教育に携わり、現在は、ボランティアで小学生対象のプログラミング講座なども手掛ける。
　電子工作では、あまり世の中に出回っていないものを作ることに日々挑戦している。
　趣味は、国内旅行、キャンピング、エレクトーン演奏、料理、コーヒー焙煎、日曜大工。

[主な著書]

「PICマイコン」でつくる電子工作
「PICマイコン」ではじめる電子工作
「PICマイコン」で学ぶC言語
たのしい電子工作―「キッチンタイマー」「音声時計」「デジタル電圧計」
…作例全11種類！
やさしい電子工作
「電磁石」のつくり方[徹底研究]
自分で作るリニアモータカー
ソーラー発電　LEDではじめる電子工作　　　（以上、工学社）

## 質問に関して

本書の内容に関するご質問は、

① 返信用の切手を同封した手紙
② 往復はがき
③ FAX(03)5269-6031
　（ご自宅のFAX番号を明記してください）
④ E-mail　editors@kohgakusha.co.jp

のいずれかで、工学社編集部あてにお願いします。
なお、電話によるお問い合わせはご遠慮ください。

サポートページは下記にあります。

[工学社サイト]
http://www.kohgakusha.co.jp/

I/O BOOKS

# 「PICマイコン」で学ぶ電子工作実験

2021年10月30日　初版発行　© 2021

著　者　　神田　民太郎
発行人　　星　正明
発行所　　株式会社 工学社
　〒160-0004 東京都新宿区四谷 4-28-20 2F
電話　　　(03)5269-2041 (代) [営業]
　　　　　(03)5269-6041 (代) [編集]
振替口座　00150-6-22510

※定価はカバーに表示してあります。

[印刷] シナノ印刷 (株)

ISBN978-4-7775-2169-2